～本書を活用した大学入試対策～

□ **志望校を決める（調べる・考える）**
入試日程，受験科目，出題範囲，レベルなどが決まるので，やるべきことが見えやすくなります。

□ **「合格」までのスケジュールを決める**

基礎固め・苦手克服期…受験勉強スタート～入試の 6 か月前頃
・教科書レベルの問題を解けるようにします。

・苦手分野をなくしましょう。

⇨教科書の内容がほぼ理解できている人は，
『大学入試 ステップアップ 数学A【標準】』に取り組みましょう。

応用力養成期…入試の 6 か月前～ 3 か月前頃
・身につけた基礎を土台にして，入試レベルの問題に対応できる応用力を養成します。

・志望校の過去問を確認して，出題傾向，解答の形式などを把握しておきましょう。

・模試を積極的に活用しましょう。模試で課題などが見つかったら，『大学入試 ステップアップ 数学A【標準】』で復習して，確実に解けるようにしておきましょう。

実戦力養成期…入試の 3 か月前頃～入試直前
・時間配分や解答の形式を踏まえ，できるだけ本番に近い状態で過去問に取り組みましょう。

□ **志望校合格！！**

📖 数学の学習法

◎**同じ問題を何度も繰り返し解く**
多くの教材に取り組むよりも，1 つの教材を何度も繰り返し解く方が力がつきます。
⇨『大学入試 ステップアップ 数学A【標準】』の活用例を，次のページで紹介しています。

◎**解けない問題こそ実力アップのチャンス**
間違えた問題の解説を読んでも理解できないときは，解説を 1 行ずつ丁寧に理解しながら読むまたは書き写して，自分のつまずき箇所を明確にしましょう。その上で教科書の公式や例題を確認しましょう。教科書レベルの内容がよく理解できないときは，さらに前に戻って復習することも大切です。

◎**基本問題は確実に解けるようにする**
応用問題も基本問題の組み合わせです。まずは基本問題が確実に解けるようにしましょう。解ける基本問題が増えていくことで，応用力も必ず身についてきます。

◎**ケアレスミス対策**
日頃から，暗算に頼らず途中式を丁寧に書く習慣を身につけ，答え合わせで計算も確認して，ミスの癖を知っておきましょう。

～本書のしくみ～

本冊

☑ **基礎 Check**
基本事項の理解を確かめるための問題です。確実に解けるようにしましょう。

☆ **重要な問題**
ぜひ取り組んでおきたい問題です。状況に応じて効率よく学習を進めるときの目安にもなります。

見開き 2 ページで 1 単元完結。
問題はほぼ「易→難」の順に並んでいます。

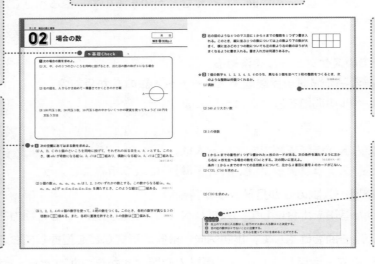

余白に書き込みながら取り組むこともできて，復習にも便利です。

advice
つまずきそうな問題には，着眼点や注意点を紹介しています。

解答・解説

詳しい解説つきです。答え合わせのとき，答えの正誤確認だけでなく解き方も理解しましょう。記述力もアップします。

別解
正解だった場合も確認しましょう。さらに実力がアップします。

着目すべきポイントを，色つきにしているので，理解しやすくなっています。

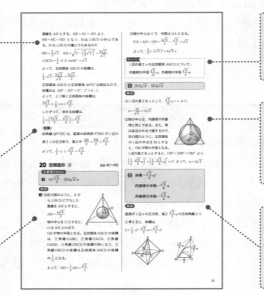

Point
注意事項や参考事項を紹介しています。

図やグラフを豊富に使って解説しています。視覚的にイメージできるので，理解しやすいです。

大問ごとに，「解答→解説」の順に配列しているので，答え合わせがしやすいです。

📖 本書の活用例

◎ 何度も繰り返し取り組むとき，1 巡目は全問→ 2 巡目は 1 巡目に間違った問題→ 3 巡目は 2 巡目に間違った問題 …のように進めて，全問解けるようになるまで繰り返します。

◎ ざっと全体を復習したいときは，各単元の見開き左側ページだけ取り組むと効率的です。

目次

※「数学A」の出題範囲については，「場合の数と確率」，「図形の性質」の2項目に対応した出題となっている場合があります。志望校の「数学A」の出題範囲を必ず確認してください。

本書に関する最新情報は，小社ホームページにある**本書の「サポート情報」**をご覧ください。（開設していない場合もございます。）
なお，この本の内容についての責任は小社にあり，内容に関するご質問は直接小社におよせください。

01 | 集合の要素の個数

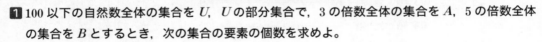

☑ 基礎Check

1 100 以下の自然数全体の集合を U，U の部分集合で，3 の倍数全体の集合を A，5 の倍数全体の集合を B とするとき，次の集合の要素の個数を求めよ。

(1) A

(2) B

(3) $A \cup B$

(4) $\overline{A} \cup B$

2 100 以下の自然数で，3 または 4 または 5 で割り切れる数は何個あるか。

---

1 デパートに来た客 100 人の買い物を調査したところ，A 商品を買った人は 80 人，B 商品を買った人は 70 人であった。次の問いに答えよ。

［久留米大－改］

(1) 両方とも買わなかった人数が 15 人のとき，両方とも買った人数は何人か。

(2) 両方とも買った人数のとりうる最大値と最小値を求めよ。

(3) 両方とも買わなかった人数のとりうる最大値と最小値を求めよ。

☆ **2** 全体集合 U とその2つの部分集合 A, B の要素の個数について，$n(U)=47$, $n(A)=17$, $n(B)=33$, $n(A \cup B)=38$ が成り立っている。次の問いに答えよ。 [日本大]

(1) $n(\overline{A} \cap B)$ を求めよ。

(2) $n(A \cup \overline{B})$ を求めよ。

☆ **3** 高校生に対して，契約している携帯電話会社の調査を実施したところ，500人から回答が得られ次のような回答結果を得た。A社との契約280人，B社との契約150人，C社との契約120人，3社とも契約している人は20人，3社のいずれとも契約していない人は30人であった。次の問いに答えよ。 [札幌学院大－改]

(1) 3社のうちいずれか2社のみと契約している人は何人か。

(2) 3社のうちいずれか1社のみと契約している人は何人か。

4 次の空欄にあてはまる数を求めよ。

1から30までの自然数の集合を U とする。U の部分集合で，素数の集合を A，5の倍数の集合を B，7で割って1余る数の集合を C とする。A の要素の個数は $\boxed{(1)}$ 個であり，$\overline{A} \cap B$ の要素の個数は $\boxed{(2)}$ 個であり，$A \cup C$ の要素の個数は $\boxed{(3)}$ 個である。 [中部大]

---

advice

1 (2)$n(A) > n(B)$ より，$n(A) \leqq n(A \cup B) \leqq 100$

3 (1)と(2)の人数を合わせると，$500-(20+30)=450$(人) である。

4 要素の数が少ないので，すべて書き出してみればよい。

02 | 場合の数

☑ 基礎Check

1 次の場合の数を求めよ。

(1) 大，中，小の 3 つのさいころを同時に投げるとき，出た目の数の和が 6 になる場合

(2) 右の図を，A からかき始めて一筆書きでかくときのかき順

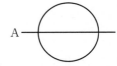

(3) 100 円玉 1 枚，50 円玉 3 枚，10 円玉 5 枚の中からいくつかの硬貨を使ってちょうど 150 円を支払う方法

☆ **1** 次の空欄にあてはまる数を求めよ。

(1) A，B，C の 3 個のさいころを同時に投げて，それぞれの出る目を a，b，c とする。このとき，積 abc が奇数になる組 (a, b, c) は ① 組あり，偶数になる組 (a, b, c) は ② 組ある。
[金沢工業大]

(2) 5 個の数 a_1，a_2，a_3，a_4，a_5 は 1，2，3 のいずれかの数とする。この数からなる組 $(a_1, a_2, a_3, a_4, a_5)$ が $a_1 \leqq a_2 \leqq a_3 \leqq a_4 \leqq a_5$ を満たすとき，このような組は ☐ 組ある。　[神奈川大]

(3) 1，2，3，4 の 4 個の数字を使って，3 桁の数をつくる。このとき，各桁の数字が異なる 3 の倍数は ① 個ある。また，各桁に重複を許すとき，3 の倍数は ② 個ある。　[福岡大]

2 右の図のような 8 つのマス目に 1 から 8 までの整数を 1 つずつ書き入れる。このとき，縦に並ぶ 2 つの数については上の数より下の数が大きく，横に並ぶどの 2 つの数についても左の数より右の数のほうが大きくなるように書き入れる。書き入れ方は何通りあるか。

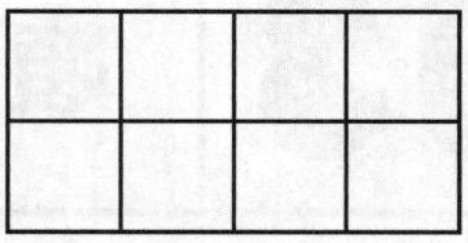

☆ **3** 7 個の数字 0，1，2，3，4，5，6 のうち，異なる 3 個を並べて 3 桁の整数をつくるとき，次のような整数は何個つくれるか。　　　　　　　　　　　　　　　　　　[広島修道大]

(1) 偶数

(2) 340 より大きい数

(3) 3 の倍数

4 1 から n までの番号が 1 つずつ書かれた n 枚のカードがある。次の条件を満たすように左から右に n 枚を並べる場合の数を $C(n)$ とする。次の問いに答えよ。　　　　[名古屋市大 − 改]
　　条件：1 から n までのすべての自然数 k について，左から k 番目に番号 k のカードがこない。

(1) $C(3)$，$C(4)$ を求めよ。

(2) $C(6)$ を求めよ。

---

advice
2 左上のマス目に入る数は 1，右下のマス目に入る数は 8 と決定する。
3 百の位の数字は 0 でないことに注意する。
4 $C(3)$ と $C(4)$ がわかれば，それらを使って $C(5)$ を求めることができる。

03 順　列 ①

☑ 基礎Check

1 0，1，2，3，4 の 5 つの数字の中から異なる 4 つの数字を選んで 4 桁の整数をつくる。このとき，次の問いに答えよ。

(1) 4 桁の整数は全部で何通りできるか。

(2) (1)でできる 4 桁の整数を小さい順に並べるとき，3014 は何番目か。

2 父，母と 4 人の子どもの計 6 人が横一列に並んで写真を撮る。このとき，父と母が両端に来るような並び方は何通りあるか。

---

1 1 から 5 までの自然数が 1 つずつ書かれた 5 枚のカードがある。この中から 3 枚のカードを選んで，3 桁の数をつくる。　　　　　　　　　　　　　　　　　　　　　　　　　　[近畿大]

(1) これら 3 桁の数のうち，偶数は全部で □ 個ある。

(2) これら 3 桁の数のうち，3 の倍数は全部で □ 個ある。

(3) これら 3 桁の数のうち，6 の倍数は全部で □ 個ある。

2 5 個の数字 0，2，4，6，8 から異なる 4 個を並べて 4 桁の整数をつくる。このとき，すべての 4 桁の整数の合計はいくらか。　　　　　　　　　　　　　　　　　　　　　　[駒澤大]

3 R, I, K, K, Y, O の 6 個の文字すべてを横一列に並べる。このとき，R が I より左側にあり，かつ，I が Y より左側にあるような並べ方は何通りあるか。 [立教大]

☆ **4** 赤い玉が 3 個，白い玉が 3 個，青い玉が 2 個ある。次の問いに答えよ。 [東京理科大]
(1) 8 つの玉全部を 1 列に並べる並べ方は何通りあるか。

(2) 8 つの玉全部を 1 列に並べるとき，青い玉が続く並べ方は何通りあるか。

(3) 8 つの玉全部を 1 列に並べるとき，赤い玉が 2 個以上続く並べ方は何通りあるか。

5 3 つの文字 O, U, S を，繰り返しを許して 1 列に 6 個並べる。このとき，次のような並べ方はそれぞれ何通りあるか。 [岡山理科大]
(1) O が含まれないように並べる。

(2) O が 2 個以上含まれるように並べる。

(3) O, U, S がいずれも 2 個ずつ含まれるように並べる。

(4) どの連続する 3 文字も「OUS」とならないように並べる。

---

advice
3 R, I, Y を□として，□, □, □, K, K, O を並べ，あとで 3 つの□を左から順に R, I, Y とすればよい。
4 (3)赤い玉 2 個を 1 個とみて考える。ただし，赤い玉は 3 個あることに注意する。
5 (4)「OUS」が含まれる順列の数を全体の数から引けばよい。

順 列 ②

☑ 基礎Check

1 男子5人と女子2人が円形に並ぶとき，次の問いに答えよ。

(1) 並び方は全部で何通りあるか。

(2) 女子2人の間に男子が1人入るような並び方は何通りあるか。

2 右の図の A，B，C，D の部分を，赤，青，黄，緑のうち何色かを使って塗り分ける。隣り合う部分には異なる色を使うとき，塗り分ける方法は何通りあるか。

☆ **1** 男子2人，女子4人が，円形のテーブルを囲んで座るとき，次の問いに答えよ。　　[杏林大]

(1) 並び方は何通りあるか。

(2) 男子2人が隣り合うような並び方は何通りあるか。

(3) 男子2人が向かい合うような並び方は何通りあるか。

☆ **2** 立方体の 6 つの面をいくつかの色で塗り分ける。辺を共有する面には異なる色を塗るものとすると，次のそれぞれの場合，何通りの塗り分け方があるか。

(1) 異なる 6 色すべてを使って塗り分ける場合

(2) 異なる 5 色すべてを使って塗り分ける場合

3 次の問いに答えよ。 [名城大]

(1) A，B，B，C，C，C の 6 文字を円形に並べる方法は何通りあるか。

(2) A，A，B，B，C，C の 6 文字を円形に並べる方法は何通りあるか。

4 右の図のような直方体がある。この直方体の底面は正方形であり，側面は互いに合同な縦と横の長さが異なる長方形である。この直方体の 6 つの面すべてに色を塗る。ただし，互いに辺を共有する面には異なる色を塗り，1 つの面には 1 色のみを用いるものとする。また，互いに合同な面は区別ができないものとする。次の場合，塗り分け方は何通りあるか。 [武庫川女子大－改]

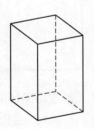

(1) 赤，黄，緑，青，紫，黒の 6 色すべてを使うとき

(2) 赤，黄，緑，青，紫の 5 色すべてを使うとき

---

advice

2 (1) 6 色のうち 1 色を底面に固定する。上面の色を 5 色から選ぶと，側面は残り 4 色の円順列になる。
3 (2) まず，2 つの A の位置関係を考え，B，C の入る場所がそれぞれ何通りあるかを求める。
4 (2) いずれか 1 色は向かい合った 2 面に塗ることになる。

05 | 組合せ ①

☑ 基礎Check

1 男子 6 人と女子 4 人の中から 4 人を選ぶとき，次の問いに答えよ。

(1) 選び方は全部で何通りあるか。

(2) 男女 2 人ずつ選ぶ選び方は何通りあるか。

2 6 人を 2 つのグループに分けるとき，次の問いに答えよ。

(1) 2 人と 4 人のグループに分ける方法は何通りあるか。

(2) 3 人と 3 人のグループに分ける方法は何通りあるか。

1 次の問いに答えよ。

[帝京大]

(1) 9 人の生徒を 2 人，3 人，4 人の 3 つのグループに分ける方法は何通りあるか。

(2) 9 人の生徒を 3 人，3 人，3 人の 3 つのグループに分ける方法は何通りあるか。

(3) 9 人の生徒を特定の 3 人 A，B，C が互いに異なる 3 つのグループに入るように，3 つのグループに分ける方法は何通りあるか。

☆ **2** 男子 10 人，女子 10 人の中からクラス委員を 5 人選ぶ。少なくとも男子，女子ともに 1 名ずつ含むような選び方は何通りあるか。

[山梨学院大]

3 1 から 13 までの整数が 1 つずつ書かれた 13 枚のカードの中から 3 枚を選ぶとき，次の問いに答えよ。

[慶應義塾大]

(1) 偶数が書かれたカードが 2 枚以上含まれる選び方は何通りあるか。

(2) 11 以上の数が書かれたカードが少なくとも 1 枚含まれる選び方は何通りあるか。

4 A グループは 3 人，B グループは 3 人，C グループは 4 人からなり，どの人も複数のグループには属していないものとする。これら合計 10 人の中から 7 人を選ぶとき，次の問いに答えよ。

[広島市立大]

(1) 各グループから少なくとも 1 人が選ばれる選び方は何通りあるか。

(2) 各グループから少なくとも 2 人が選ばれる選び方は何通りあるか。

(3) A グループから少なくとも 2 人が選ばれる選び方は何通りあるか。

advice

1 (3) A，B，C 以外の 6 人それぞれに，グループの入り方が 3 通りある。

3 (1) 6 枚ある偶数のカードから 2 枚選ぶ場合と 3 枚選ぶ場合がある。

4 (2) A，B，C のうちいずれか 1 つから 3 人，残る 2 つから 2 人ずつ選ぶ。

組合せ ②

☑ 基礎Check

1 正八角形の8つの頂点のうち3つを頂点とする三角形について考える。ただし，形が同じであっても頂点がちがえば異なる三角形とする。次の問いに答えよ。

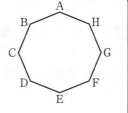

(1) 三角形は全部で何個できるか。

(2) 直角三角形は何個できるか。

2 右の図のような道路を通って，AからBまで最短の道のりで進む経路について，次の問いに答えよ。

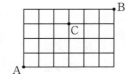

(1) 最短の経路は全部で何通りあるか。

(2) そのうち，途中でCを通らない経路は何通りあるか。

☆ **1** 次の問いに答えよ。

(1) 3辺の長さが3cm，4cm，5cmである直角三角形の頂点および辺上に1cm間隔で12個の点を打つ。このうち，3個の点を結んでできる三角形は何個あるか。

(2) 4本の平行線と，それらと平行でない5本の平行線が互いに交わっている。このとき，平行四辺形は何個できるか。

2 正十二角形 D の 3 つの頂点を結んでできる三角形を考える。次のような三角形の個数を答えよ。

[近畿大]

(1) できる全ての三角形

(2) D と 2 辺を共有するもの

(3) D と 1 辺のみを共有するもの

(4) 直角三角形

(5) 鈍角三角形

(6) 鋭角三角形

3 正 n 角形の頂点を A_1, A_2, …, A_n とする。頂点のうち 3 点を結んで三角形をつくるとき、次の問いに答えよ。ただし、n は 4 以上の偶数とする。

[愛知医科大]

(1) 直角三角形は何個つくれるか。

(2) 鈍角三角形は何個つくれるか。

(3) 鋭角三角形は何個つくれるか。

4 右の図のような街路のある町がある。地点 A から地点 B までの最短経路は何通りあるか。

[中部大]

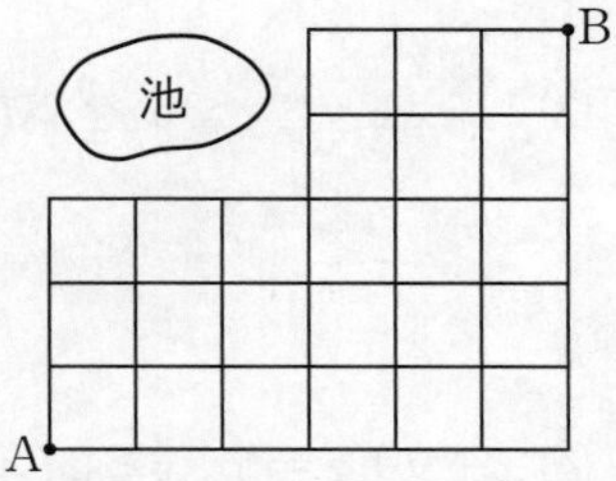

advice

1 (1)$_{12}C_3$ から、3 つの点を結んでも三角形にならない場合を除く。

2 (5)鈍角三角形の形で分類して数える。

3 (2)図をかいて、鈍角になる 3 点の選び方を考える。

07 | いろいろな場合の数

☑ 基礎Check

1 次の問いに答えよ。

(1) $x+y+z=8$ となる自然数の組 (x, y, z) は何組あるか。

(2) $x+y+z=8$ となる負でない整数の組 (x, y, z) は何組あるか。

2 整数 1, 2, 3, ……, 10 から3個の異なる数を選んでつくる組合せのうち，積が偶数になる組合せは何通りあるか。

☆ **1** x, y, z を整数とする。次の問いに答えよ。 ［大阪経済大］

(1) $1 \leqq x \leqq 5,\ 1 \leqq y \leqq 5,\ 1 \leqq z \leqq 5$ を満たす整数の組 (x, y, z) は全部で何組あるか。

(2) $1 \leqq x < y < z \leqq 5$ を満たす整数の組 (x, y, z) は全部で何組あるか。

(3) $1 \leqq x \leqq y \leqq z \leqq 5$ を満たす整数の組 (x, y, z) は全部で何組あるか。

(4) $x+y+z=5,\ x \geqq 0,\ y \geqq 0,\ z \geqq 0$ を満たす整数の組 (x, y, z) は全部で何組あるか。

2 a, b, c を整数とするとき，$a+b+c \leqq 10$，$a \geqq 1$，$b \geqq 1$，$c \geqq 1$ を満たす整数解 a, b, c の総数を求めよ。

[東京理科大]

3 1 から 20 までの整数の中から異なる 3 個を選ぶとき，次の問いに答えよ。　[東京工科大]

(1) 3 個の数の積が偶数となる組合せは何通りあるか。

(2) 3 個の数の和が偶数となる組合せは何通りあるか。

4 右の図のように，縦 2 列，横 n 列に並んだ合計 $2n$ 席の座席があり，その中から k 席の座席を選ぶ。ただし，選んだ座席の前後左右に隣接する座席は選ばないこととする。次の問いに答えよ。　[岐阜大]

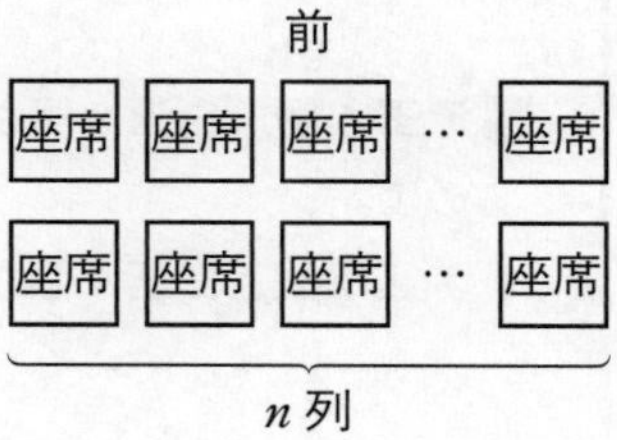

前

n 列

(1) $k=n$ のとき，座席の選び方は何通りあるか。

(2) $n \geqq 3$，$k=n-1$ とする。右端から 2 列目の前後 2 席がどちらも選ばれていないような，座席の選び方は何通りあるか。

(3) $n \geqq 3$，$k=n-1$ のとき，座席の選び方は何通りあるか。

(4) $n \geqq 5$，$k=n-2$ のとき，座席の選び方は何通りあるか。

---

advice
2 $a+b+c+d=10$（d は負でない整数）として方程式で考えればよい。
3 (2)和が偶数になる組合せは(偶, 偶, 偶)または(偶, 奇, 奇)のどちらかである。
4 (3)前後 2 席がどちらも選ばれていない列の位置で場合分けする。

確率の基本性質

☑ 基礎Check

1 大小2個のさいころを同時に投げて，大のさいころの目を a，小のさいころの目を b とする。このとき，次の確率を求めよ。

(1) $a+b=6$ となる確率

(2) $a>b>1$ となる確率

2 赤玉4個，白玉2個が入った袋から，同時に2個の玉を取り出す。このとき，次の確率を求めよ。

(1) 赤玉1個と白玉1個が取り出される確率

(2) 赤玉2個が取り出される確率

☆ **1** 次の問いに答えよ。

(1) 大小2個のさいころを同時に投げるとき，出た目の積が5の倍数になる確率を p，出た目の和が5の倍数になる確率を q とする。$\dfrac{1}{p-q}$ の値を求めよ。　　　　　　[自治医科大]

(2) 白玉3個，赤玉5個の計8個の玉が入った袋の中から同時に4個の玉を取り出すとき，白玉も赤玉もともに取り出される確率を求めよ。　　　　　　[千葉工業大]

2 赤色の玉が 2 個，青色の玉が 3 個，黄色の玉が 4 個入った袋がある。この袋から同時に 3 個の玉を取り出す。このとき，次の確率を求めよ。 [獨協大]

(1) 取り出した玉に赤色が含まれない確率

(2) 取り出した玉の色が 2 種類である確率

☆ **3** 3 個のさいころを同時に投げるとき，次の確率を求めよ。 [関西学院大]

(1) 少なくとも 1 個のさいころに偶数の目が出る確率

(2) 3 個のさいころの出た目の和が 6 となる確率

(3) 3 個のさいころの出た目の和が 7 以上となる確率

4 1 から 9 までの数字が書かれたカードが 9 枚ある。この中から同時に 3 枚のカードを選び出すとき，書かれた数字の和が 6 の倍数である確率を求めよ。 [愛知医科大]

---

advice
- **2** (2)取り出した玉の色が 1 種類，3 種類になる確率のほうが求めやすい。
- **3** (3)目の数の和が 6 以下である場合のほうが求めやすい。
- **4** 1 から 9 までの数を 3 で割った余りで分けると考えやすい。

独立な試行の確率と乗法定理

☑ 基礎Check

1 赤玉 5 個，白玉 2 個が入っている袋から玉を 1 個取り出し，さらにもう 1 個取り出す。このとき，次の確率を求めよ。

(1) 取り出した玉を袋に戻して 2 個目を取り出すとき，2 個とも赤玉である確率

(2) 取り出した玉を袋に戻さないで 2 個目を取り出すとき，2 個とも赤玉である確率

2 10 本のくじの中に当たりくじが 3 本入っている。このくじを，A，B の順番に引くとき，A の当たる確率，B の当たる確率をそれぞれ求めよ。ただし，引いたくじはもとに戻さないものとする。

---

1 1 から 9 までの番号が書かれた 9 個のボールが袋に入っている。この袋の中から 1 個のボールを取り出し，その番号を確認してからもとに戻す試行を考える。次の確率を求めよ。

[東京理科大]

(1) この試行を 3 回行ったとき，同じ番号のボールを少なくとも 2 回取り出す確率

(2) この試行を 2 回行ったとき，取り出したボールの番号の差が 1 以下となる確率

☆ **2** 10本のくじの中に2本の当たりくじがある。このくじをA君が2本引き，次にBさんが2本引く。次の確率を求めよ。ただし，引いたくじはもとに戻さないものとする。 ［愛知工業大］

(1) A君が1本も当たらない確率

(2) Bさんが少なくとも1本当たる確率

☆ **3** 袋の中に赤玉3個，白玉4個が入っている。この袋から玉を1個取り出し，それを戻すと同時に同じ色の玉を1個加える。このような操作を3回くり返すとき，次の確率を求めよ。

［近畿大］

(1) 袋の中の赤玉と白玉が同数になっている確率

(2) 白玉が赤玉より2個多くなっている確率

4 次の空欄にあてはまる数を求めよ。
10本のくじが袋に入っており，そのうち4本が当たりくじである。A，Bの2人が交互に袋の中からくじを1本ずつ引く。ただし，引いたくじはもとに戻さないものとする。A，B，A，Bの順でそれぞれ2回くじを引くとき，A，Bとも当たりくじを引かない確率は ［(1)］，A，Bが1本ずつ当たりくじを引く確率は ［(2)］ である。 ［大阪電気通信大］

---

advice
1 (1) 3個とも異なる番号のボールを取り出す場合（余事象）のほうが考えやすい。
2 (2) A君が2本とも当たらなかった場合と1本だけ当たった場合に分ける。
3 (1) 赤玉を2回，白玉を1回取り出した場合である。取り出す順番を考える必要がある。

10 | 反復試行の確率

☑ 基礎Check

1 1 個のさいころを続けて 5 回投げるとき，次の確率を求めよ。

(1) 偶数の目が 2 回出る確率

(2) 6 の目が 3 回出る確率

2 さいころを何回か続けて投げ，1 の目が 2 回出たら終了とする。さいころを 5 回投げたときに終了する確率を求めよ。

☆ **1** 次の空欄にあてはまる数を，それぞれ求めよ。

(1) 1 枚の硬貨を 5 回投げるとき，表が 3 回出る確率は ① であり，三度目に表が出るのが 5 回目の試行である確率は ② である。　　　　　　　　　　　　　　　　　　　　　[東京薬科大]

(2) A と B が続けて試合を行い，先に 3 勝した方を優勝とする。A が勝つ確率が $\dfrac{2}{5}$ のとき，A が 4 戦目で優勝する確率は ① であり，A が優勝する確率は ② である。ただし，引き分けはないものとする。　　　　　　　　　　　　　　　　　　　　[成蹊大]

☆ **2** 箱の中に赤玉が2個，青玉が3個，白玉が4個入っている。次の問いに答えよ。 ［早稲田大］

(1) この中から1つずつ玉を取り出し，青玉が出たときに終了する。終了時に4個以上玉を取り出している確率を求めよ。ただし，取り出した玉は箱に戻さないものとする。

(2) この中から1つずつ玉を取り出し，青玉が3個出たときに終了する。ちょうど玉を5個取り出して終了する確率を求めよ。ただし，取り出した玉はそのたびに箱に戻すものとする。

3 赤玉2個，白玉1個が入っている袋から玉を1個取り出し，赤玉なら A に1点，白玉なら B に2点与える試行を繰り返す。取り出した玉はそのたび袋に戻すものとし，先に3点以上得点した方を勝ちとしてこのゲームは終了する。次の確率を求めよ。 ［東京慈恵会医科大］

(1) B が勝つ確率

(2) 3回目の試行でゲームが終了する確率

4 金貨と銀貨が1枚ずつある。これらを同時に1回投げる試行を行ったとき，金貨が裏ならば0点，金貨が表で銀貨が裏ならば1点，金貨が表で銀貨も表ならば2点が与えられるとする。この試行を5回繰り返した後に得られる点数を X とするとき，$X=1$ となる確率，$X=3$ となる確率をそれぞれ求めよ。 ［慶應義塾大］

---

advice
- **1** (2)① 3戦目までに A が2回勝ち，4戦目で A が勝てばよい。
- **2** (1) 3個取り出した時点で青が出ていなければよい。
- **4** $X=3$ となるのは「1点が3回，0点が2回」または「2点，1点が1回ずつ，0点が3回」。

11 ｜ 最大・最小と確率

☑ 基礎Check

1 さいころを3回投げ，出た目のうち最大の数を M とするとき，次の確率を求めよ。

(1) $M \leqq 4$ となる確率

(2) $M = 4$ となる確率

2 1から $n(n \geqq 6)$ までの自然数の中から4つの数を選ぶとき，最小の数が3である確率を n を使って表せ。

☆ **1** 1から9までの数字を1つずつ書いた9個の玉があり，これら9個の玉が袋の中に入っている。このとき，次の問いに答えよ。

[東京理科大]

(1) 袋から玉を2個同時に取り出すとき，取り出された玉に書かれている数の最大値が7である確率を求めよ。

(2) 袋から玉を3個同時に取り出すとき，取り出された玉に書かれている数の最大値が7以下である確率を求めよ。

(3) $1 \leqq k \leqq 9$ であるような自然数 k に対して，袋から玉を k 個同時に取り出すとき，取り出された玉に書かれている数の最大値が7である確率を p_k とする。p_k が最大になる k の値を求めよ。

2 xy 平面において，原点を出発した動点 A は，確率 $\dfrac{1}{3}$ で x 軸の正の方向に距離 1 だけ移動し，確率 $\dfrac{2}{3}$ で y 軸の正の方向に距離 1 だけ移動する。また A は x 座標が 7 になったところで停止する。0 以上の整数 n に対して，A が点 $(7,\ n)$ に到達する確率を p_n とするとき，次の問いに答えよ。　　　　　　　　　　　　　　　　　　　　　　　　　[東京女子大]

(1) p_n を求めよ。

(2) p_n を最大にする n を求めよ。

3 1 から 12 までの番号をつけた 12 枚のカードから同時に 3 枚を取り出す。取り出した 3 枚のうち，最大の番号を M，最小の番号を m とするとき，次の確率を求めよ。　　　　　[中央大]

(1) m が 5 以上かつ M が 8 以下である確率

(2) m が 2 以下かつ M が 10 以上である確率

4 1 枚の硬貨を 7 回投げるとき，表が続いて出る回数の最大値を X とする。例えば，裏表表表裏表表であれば $X=3$ である。このとき，$X=5$ となる確率，$X=4$ となる確率，$X=3$ となる確率をそれぞれ求めよ。　　　　　　　　　　　　　　　　　　　　　　　　[青山学院大]

---

advice

1 (3)k 個のうち，1 個は 7 で，残りはすべて 6 以下である。

2 (1) A が点 $(7,\ n)$ に到達する直前の位置を考える。

3 (2)余事象「m が 3 以上または M が 9 以下」を考える。

12 | いろいろな確率と期待値

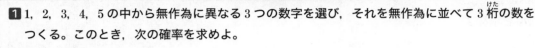
☑ 基礎Check

1 1，2，3，4，5 の中から無作為に異なる 3 つの数字を選び，それを無作為に並べて 3 桁の数をつくる。このとき，次の確率を求めよ。

(1) 奇数ができる確率

(2) 4 の倍数ができる確率

2 3 人でジャンケンを 1 回行うとき，次の確率を求めよ。

(1) 引き分けになる確率

(2) 1 人だけが負ける確率

☆ **1** さいころを 3 回投げて出た目について，次の確率を求めよ。　　　　　　　　　[大阪歯科大]

(1) 出た目の積が素数となる確率

(2) 出た目の積が 3 の倍数となる確率

(3) 出た目の積が 4 の倍数となる確率

☆ **2** 3人でジャンケンをし，勝者が1人になるまで繰り返す。ただし，ある回のジャンケンで負けたものは，その次の回以降は参加できないものとする。次の確率を求めよ。 [兵庫県立大]

(1) ちょうど3回でジャンケンが終わる確率

(2) ジャンケンが n 回以下で終わる確率

3 袋の中に0と書かれた玉が1個，1と書かれた玉が3個，2と書かれた玉が1個，全部で5個入っている。袋の中から2個の玉を同時に取り出し，玉に書かれた2つの数の和 s_1 を記録し，取り出した玉を袋に戻す。この操作をもう1回繰り返し，玉に書かれた2つの数の和 s_2 を記録する。s_1，s_2 の積 $s_1 s_2$ で得点をつけるとき，次の問いに答えよ。 [東邦大]

(1) $s_1 = 1$ になる確率は ☐ である。

(2) 得点が2になる確率は ☐ である。

(3) 得点の期待値は ☐ である。

4 n を2以上の整数とする。1から3までの異なる番号を1つずつ書いた3枚のカードが1つの袋に入っている。この袋からカードを1枚取り出し，カードに書かれている番号を記録して袋に戻すという試行を考える。この試行を n 回繰り返したときに記録した番号を順に X_1，X_2，$\cdots$，X_n とし，$1 \leqq k \leqq n-1$ を満たす整数 k のうち $X_k < X_{k+1}$ が成り立つような k の値の個数を Y_n とする。$n=3$ のとき，$X_1 = X_2 < X_3$ となる確率は ⊡(1)⊡，$X_1 \leqq X_2 \leqq X_3$ となる確率は ⊡(2)⊡ であり，$Y_3 = 0$ である確率は ⊡(3)⊡，$Y_3 = 1$ である確率は ⊡(4)⊡ である。$Y_n = 0$ である確率を n の式で表すと，⊡(5)⊡ となる。 [同志社大]

advice
- **2** (2)余事象（n 回のジャンケンで勝者が決まらない）を考える。
- **3** (3)s_1 と s_2 の期待値をそれぞれ求める。
- **4** (4)余事象（$Y_3 = 0$，$Y_3 = 2$）を考えると求めやすい。

13 | 角の二等分線・内接円

☑ 基礎Check

1 △ABC において，AB＝4，BC＝8，CA＝6 とし，∠BAC の二等分線が辺 BC と交わる点を D とするとき，BD，CD の長さを求めよ。

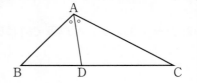

2 AB＝6，BC＝8，CA＝10 である直角三角形 ABC において，内接円の半径を求めよ。

1 右の図のように，AB＝3，BC＝4，CA＝2 である △ABC において，∠A の二等分線と辺 BC との交点を D，∠A の外角の二等分線と BC の延長との交点を E とする。次の問いに答えよ。

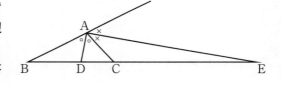

(1) BD の長さを求めよ。

(2) CE の長さを求めよ。

(3) AE の長さを求めよ。

☆ **2** △ABC において，AB＝3，BC＝5，CA＝6 とする。また，∠BAC の二等分線と辺 BC の
交点を P とする。このとき，次の問いに答えよ。

［京都薬科大］

(1) △ABC の面積を求めよ。

(2) BP，AP の長さを求めよ。

(3) △ABC の内接円の半径を求めよ。

3 △ABC において，AB＝13，BC＝20，
CA＝11 のとき，$\cos A＝\boxed{(1)}$，
$\sin A＝\boxed{(2)}$ である。△ABC の面積は $\boxed{(3)}$
であり，内接円の半径は $\boxed{(4)}$ である。
△ABC の内心を中心とする半径 2 の円をと
り，この円に外接する △DEF を右上の図のようにとる。ただし，AB∥DE，BC∥EF，
CA∥FD である。このとき，DE＝$\boxed{(5)}$，△DEF の面積は $\boxed{(6)}$ である。

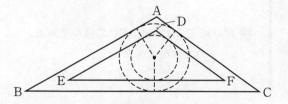

［順天堂大］

---

advice

1 (2)外角の二等分線についても AB：AC＝BE：CE が成り立つ。

(3)△ABE において余弦定理を利用する。

3 2 つの三角形が相似のとき，内接円の半径の比と相似比は一致する。

三角形の重心・外心・内心・垂心

月　日

解答 ▶ 別冊p.18

☑ 基礎Check

1 次のそれぞれの図で，∠x の大きさを求めよ。ただし，I は △ABC の内心，O は △ABC の外心，H は △ABC の垂心を表す。

(1)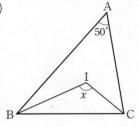

(2)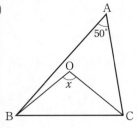

(3)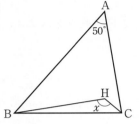

2 右の図で，G は △ABC の重心である。
x，y の長さを求めよ。

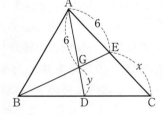

1 点 O を △ABC の内心とする。∠BAC＝60°，∠ABO＝35° のとき，∠ACO，∠BOC の大きさを求めよ。

[中京大]

☆ **2** △ABC において，AB＝AC＝3，BC＝2 である。△ABC の重心を G，内心を I とするとき，GI の長さを求めよ。

[同志社女子大]

3 △ABC の内心を I とし，AI の延長が外接円と交わる点を D とする。AB の長さが 3，AC の長さが 4，∠BAC の大きさは 60° である。このとき，DI の長さを求めよ。

[奈良県立医科大]

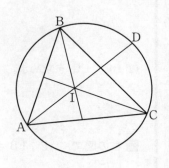

☆ **4** 右の図において，O は △ABC の外心，H は △ABC の垂心であり，D は △ABC の外接円と AO の交点である。BC と DH の交点を E とするとき，次の(1)，(2)を証明せよ。

(1) 四角形 HBDC は平行四辺形である。

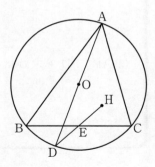

(2) AH＝2OE である。

---

advice

2 BC の中点を H とすると，AG：GH＝2：1，AI：IH＝3：1 である。

3 DI＝DC が成り立つ。外接円の半径を求め，∠DAC＝30° より，正弦定理を用いて DC を求める。

4 (2)平行四辺形の対角線は各々の中点で交わるから，E は辺 HD の中点である。

15 ｜ メネラウスの定理・チェバの定理

解答 ▶ 別冊p.19

月　　日

☑ 基礎Check

1 右の図で，AB：BD＝7：4，AF：FC＝4：3 である。次の問いに答えよ。

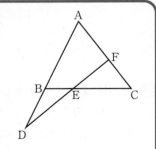

(1) DE：EF を求めよ。

(2) BE：EC を求めよ。

2 右の図で，AF：FB＝1：3，BD：DC＝5：1 である。次の問いに答えよ。

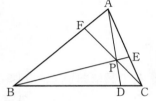

(1) AE：EC を求めよ。

(2) AP：PD を求めよ。

1 △ABC において，辺 AB を 4：3 に内分する点を D，辺 AC を 3：1 に内分する点を E とする。また，線分 BE と線分 CD の交点を F とし，直線 AF と辺 BC の交点を G とする。次の問いに答えよ。

[徳島大]

(1) 長さの比 BF：FE を求めよ。

(2) 長さの比 BG：GC を求めよ。

(3) 面積の比 △EFC：△ABC を求めよ。

☆ **2** △ABC において，AB＝BC＝2，CA＝1 とする。$0 \leqq x \leqq 1$ を満たす x に対して，辺 BC の延長上に点 P を，辺 CA 上に点 Q を，それぞれ CP＝AQ＝x となるようにとる。さらに，直線 PQ と辺 AB の交点を R とする。AR を x を使って表せ。

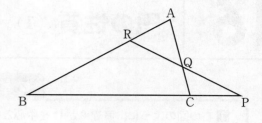

[岡山大]

3 △ABC において，辺 AB の中点を D とし，辺 AC を 2：1 に内分する点を E とする。線分 CD と BE の交点を F とするとき，四角形 ADFE の面積は △ABC の面積の □ 倍である。

[同志社女子大]

4 平行四辺形 ABCD において，辺 AB を 1：1 に内分する点を E，辺 BC を 2：1 に内分する点を F，辺 CD を 3：1 に内分する点を G とする。線分 CE と線分 FG の交点を P とし，線分 AP を延長した直線と辺 BC の交点を Q とするとき，比 AP：PQ を求めよ。

[京都大]

advice
2 メネラウスの定理を利用する。
3 △AFE＝$\dfrac{2}{3}$△AFC を利用する。
4 できるだけ正しい図をかくことで，解き方が見つけやすくなる。

16 円の性質 ①

☑ 基礎Check

1 右の図のように，直線 ℓ が O を中心とする円と点 A で接している
る。次の問いに答えよ。

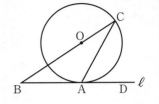

(1) $\angle CAD = 62°$ のとき，$\angle BCA$ は何度か。

(2) $\angle CBA = 26°$ のとき，$\angle CAD$ は何度か。

2 右の図において，$PA \cdot PB = PC \cdot PD$ が成り立つことを証明せよ。
（方べきの定理）

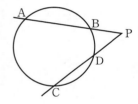

1 円周上の点 A での接線を ℓ とする。直線が接線 ℓ と点 B で，
円と 2 点 C，D で $BC = 9$, $BD = 4$ となるように交わってい
る。$\angle ABC = \theta$ とするとき，次の問いに答えよ。　[神戸薬科大]

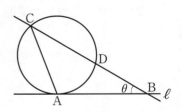

(1) 線分 AB の長さを求めよ。

(2) $\triangle ABC$ の面積を θ を用いて表せ。

☆ **2** 次の空欄にあてはまる数を求めよ。

点 O を中心とする半径 1 の円の円周上に点 A をとり，点 A における接線上に AB ＝ 2 となる点 B をとる。次に，点 B から BC ＝ 2 となるように円周上に点 A とは異なる点 C をとる。このとき，△OAC の面積は ① であり，sin∠CAB ＝ ② である。　　　[獨協大]

3 図のように円 O の外部にある点 P を通る直線が円 O と点 A，B で交わっている。また，直線 PT は T における接線である。さらに PO⊥TT′ となるように円 O 上に T′ をとり，OP と TT′ の交点を Q とする。このとき 4 点 A，Q，O，B は同一円周上にあることを証明せよ。　　　[東北福祉大]

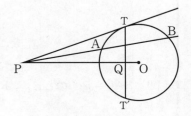

☆ **4** △ABC において辺 AB 上に点 D を，辺 AC 上に点 E をとり，線分 BE と線分 CD の交点を F とする。点 A，D，E，F が同一円周上にあり，さらに角の間に
∠AEB ＝ 2∠ABE ＝ 4∠ACD という関係が成り立つとき，∠BAC を求めよ。　　　[鹿児島大]

5 円周上の点 A における円の接線上に A と異なる点 P をとる。点 P を通る直線が点 P から近い順に 2 点 B，C で円と交わっている。∠APB の二等分線と線分 AB，AC との交点をそれぞれ D，E とする。PB：PC ＝ 2：3 のとき，PD：PE を求めよ。　　　[大分大－改]

┌───┐
advice
　3　Q は TO を直径とする円の円周上に存在する。
　4　図をかいて条件を整理する。∠ACD ＝ θ とおくとよい。
　5　△DAP と △ECP は相似な三角形より，PD：PE ＝ PA：PC が成り立つ。
└───┘

17 | 円の性質 ②

☑ 基礎Check

1 右の図のように，AB = 9，BC = 8，CA = 7 の △ABC に 3 点 P，

Q，R で内接する円がある。次の問いに答えよ。

(1) AR の長さを求めよ。

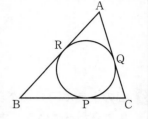

(2) ∠BAC = 52° のとき，∠RPQ は何度か。

2 右の図で，円 O の半径は 3，円 P の半径は 5 であり，直線 ℓ は点

A，B で 2 つの円に接している。このとき，AB の長さを求めよ。

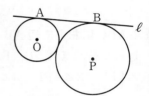

1 次の空欄にあてはまる数を求めよ。

半径 1 の円 A と半径 2 の円 B の中心間の距離を 5 とする。点 P で円 A と接し，点 Q で円

B と接する直線を考える。線分 PQ の長さで最も小さい値は [(1)]，最も大きい値は [(2)] で

ある。

[東海大]

☆ **2** 半径 2 の円 O と半径 1 の円 O′ が点 P において外接している。共通外接線が円 O，円 O′ と
　　接する点をそれぞれ A，B とするとき，次の問いに答えよ。 ［滋賀大］

(1) 線分 AB の長さを求めよ。

(2) △PAB の面積を求めよ。

3 座標平面上に点 A を中心とする半径 4 の円と，点 B を中心とする半径 a の円がある。
　　AB＝7 のとき，2 つの円の共通接線の本数を求めよ。 ［日本福祉大］

☆ **4** 右の図の四角形 ABCD は　AB＝4，BC＝6 の長方形で，円
　　P は辺 AB，BC と接し，円 Q は辺 CD，DA と接し，かつ，
　　円 P と円 Q は外接している。円 P の半径を p，円 Q の半径
　　を q とするとき，$p+q$ の値を求めよ。

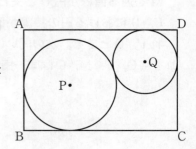

advice
2 (2) P から AB に下ろした垂線を PH として，PH の長さを求める。
3 a の値により，2 円の位置関係がどのように変化するか考える。
4 線分 PQ を斜辺とする直角三角形に三平方の定理を適用する。

18 | 図形と証明

☑ 基礎Check

1 右の図のように，円に内接する四角形 ABCD において，対角線 BD 上に，∠BAP＝∠CAD となるように点 P をとる。次の問いに答えよ。

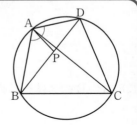

(1) AB・CD＝AC・BP となることを証明せよ。

(2) AB・CD＋AD・BC＝AC・BD（トレミーの定理）を証明せよ。

☆ **1** 右の図で，AB は円 O の弦で，M は AB の中点である。M を通る直線が円 O と交わる点をそれぞれ C，D とし，C，D における円の接線が直線 AB と交わる点をそれぞれ P，Q とする。次の問いに答えよ。

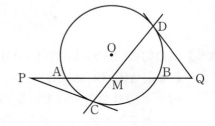

(1) 4 点 O，P，M，C は同一円周上にあることを証明せよ。

(2) AP＝BQ であることを証明せよ。

☆ **2** 右の図で，△ABC の外心を O，内心を I とする。△ABC の外接
円，内接円の半径をそれぞれ R，r とする。また，直線 AI
と △ABC の外接円との点 A と異なる交点を D，△ABC の内接
円と辺 AB の接点を E とする。次の問いに答えよ。 [宮崎大]

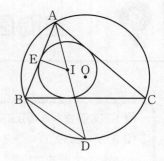

(1) DB＝DI であることを示せ。

(2) AI・DI＝$2Rr$ であることを示せ。

(3) OI²＝R^2-2Rr であることを示せ。

3 平面上で 2 つの円 S，S′ が点 P で内接している。ただし，S′ は S より小さいとする。円 S，
S′ の中心をそれぞれ O，O′ とおく。円 S′ 上にあって直線 PO′ 上にはない点 Q をとる。直
線 PQ と円 S との P とは異なる交点を A，直線 AO と円 S との A とは異なる交点を B，直
線 BO′ と円 S との B とは異なる交点を C，直線 CQ と円 S との C とは異なる交点を D とす
る。次の問いに答えよ。 [滋賀医科大]

(1) AO∥QO′ を示せ。

(2) DB＝BP を示せ。

advice
1 (2) (1)と同様に，4 点 O，M，Q，D は同一円周上にある。
2 (2) 円 O の直径 FD をとると，△AEI と △FBD は相似である。
3 (2) $\overset{\frown}{\text{DB}}$ の円周角と $\overset{\frown}{\text{BP}}$ の円周角が等しいことを示す。

19 | 空間図形 ①

☑ 基礎Check

1 1 辺の長さが 6 の正四面体 ABCD について，次の問いに答えよ。

(1) A から面 BCD に下ろした垂線の足を H とするとき，H は △BCD の外心であることを示せ。

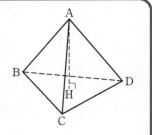

(2) AH の長さを求めよ。

(3) 正四面体 ABCD の表面積と体積を求めよ。

☆ **1** 右の図のように底面が正六角形で，側面がすべて長方形である六角柱 ABCDEF–GHIJKL がある。AB ＝ 4，AG ＝ 3 であるとき，次の問いに答えよ。

[岐阜薬科大]

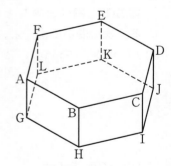

(1) FG の長さを求めよ。

(2) △BEG の面積を求めよ。

(3) 点 F から △BEG に下ろした垂線の長さを求めよ。

☆ **2** 1辺の長さが 1 の立方体がある。次の問いに答えよ。 [早稲田大]

(1) この立方体の 8 個の頂点のうちの 4 個を頂点とする正四面体の体積を求めよ。

(2) この立方体の 8 個の頂点のうちの 4 個を頂点とする正四面体と，残りの 4 個を頂点とする正四面体の共通部分の体積を求めよ。

3 1辺の長さが 2 の正四面体 ABCD において，辺 AB，BC，CD，DA，AC，BD の中点をそれぞれ P，Q，R，S，T，U とする。次の問いに答えよ。 [新潟大]

(1) 線分 PR の長さを求めよ。

(2) cos∠SBR の値を求めよ。

(3) 四角形 PTRU を底面，点 Q を頂点とする四角錐の体積を求めよ。

advice

1 (3)まず，三角錐 G–BEF の体積を求める。

2 (2)共通部分の立体は正八面体である。

3 (3)正四面体全体からとり除く部分の体積を引くことで，四角錐の体積を求めることができる。

41

20 | 空間図形 ②

☑ 基礎Check

1 1 辺の長さが 4 の正四面体 ABCD について，次の問いに答えよ。

(1) 正四面体のすべての面に内接する球の半径を求めよ。

(2) 正四面体の 4 つの頂点を通る球の体積を求めよ。

☆ **1** 次の問いに答えよ。 ［早稲田大］

(1) 半径 1 の球が正四面体のすべての面に接しているとき，この正四面体の 1 辺の長さを求めよ。

(2) 半径 1 の球が正四面体のすべての辺に接しているとき，この正四面体の 1 辺の長さを求めよ。

2 1 辺の長さが a の正八面体の体積と，この正八面体に内接する球，外接する球の半径を求めよ。 ［名古屋市立大］

3 a を $0 < a < \dfrac{\sqrt{2}}{2}$ を満たす実数とする。1辺の長さが a の正方形 BCDE を底面とする正四角錐 ABCDE がある。AB＝AC＝AD＝AE であり，四角錐 ABCDE の表面積は 1 であるとする。次の問いに答えよ。　　　　　　　　　　　　　　　　　　　　　[京都産業大]

(1) 四角錐 ABCDE の体積を求めよ。

(2) 四角錐 ABCDE に内接する球の半径を r とする。r^2 が最大になるときの a の値を求めよ。

4 半径 1 の球面上の相異なる 4 点 A，B，C，D が AB＝1，AC＝BC，AD＝BD，

$\cos\angle\text{ACB}＝\cos\angle\text{ADB}＝\dfrac{4}{5}$ を満たしているとする。　　　　　　　　[東京大]

(1) △ABC の面積を求めよ。

(2) 四面体 ABCD の体積を求めよ。

---

advice

1 正四面体を対称面で切った図で考える。(1)と(2)の円の中心は同じ位置にある。

3 (2)r^2 は a^2 についての 2 次関数である。

4 (2)△DAB と △CAB の関係に着目する。

21 | 約数と倍数 ①

☑ 基礎Check

1 240 の正の約数について，次の問いに答えよ。

(1) 全部で何個あるか。

(2) 総和はいくらか。

2 最大公約数が 12 で，最小公倍数が 180 である 2 つの自然数 a, b $(a < b)$ をすべて求めよ。

1 2 つの自然数 x, y $(x < y)$ の積が 588 で，最大公約数が 7 である。このとき，この 2 つの自然数の組 (x, y) を求めよ。

[愛知工業大]

★ **2** $\dfrac{n^2}{250}$, $\dfrac{n^3}{256}$, $\dfrac{n^4}{243}$ がすべて整数となるような正の整数 n のうち，最小のものを求めよ。

[甲南大]

3 次の空欄にあてはまる数を求めよ。

10! の正の約数のうち，奇数は全部で □(1)□ 個あり，それら奇数の約数を全部加えると □(2)□ である。

[明海大]

☆ **4** n は自然数とする。次の問いに答えよ。

[杏林大－改]

(1) 3^n が 50! を割り切るような最大の n を求めよ。

(2) 2^n が 50! を割り切るような最大の n を求めよ。

(3) 12^n が 50! を割り切るような最大の n を求めよ。

5 次の問いに答えよ。

[中京大]

(1) 504 の正の約数の個数を求めよ。

(2) 504 と自然数 x との最大公約数を g，最小公倍数を l とする。504 の正の約数の個数を n としたとき，g の約数の個数は $\dfrac{n}{3}$，l の約数の個数は $\dfrac{9}{2}n$ であった。x の素因数が 2，3，5，7 であるとき，g，l，x の値を求めよ。

advice

2 250，256，243 を素因数分解して，それぞれ n の値を考える。

3 $10! = 2^8 \cdot 3^4 \cdot 5^2 \cdot 7$ となることから考える。

5 (2)(1)より，g と l の約数の個数がわかる。

22 | 約数と倍数 ②

☑ 基礎Check

1 n を自然数とするとき，次の事柄を証明せよ。

(1) n^2 を 3 で割った余りは 0 または 1 である。

(2) $n(n+1)(n+2)$ は 6 の倍数である。

---

1 n，m を整数とするとき，次の問いに答えよ。　　　　　　　　　　　　　[釧路公立大]

(1) n^2 を 5 で割った余りは 0，1 または 4 であることを証明せよ。

(2) n を 5 で割った余りが 4 のとき，n^2+n は 5 の倍数であることを証明せよ。

☆(3) $m>1$ のとき，m^3-m が 6 の倍数であることを証明せよ。

☆ **2** n を奇数とするとき，次の問いに答えよ。　　　　　　　　　　　　　　　　　[千葉大-改]

(1) n^2-1 は 8 の倍数であることを証明せよ。

(2) n^5-n は 120 の倍数であることを証明せよ。

3 a, d を正の整数とする。$x_1=a$, $x_2=a+d$, $x_3=a+2d$, $x_4=a+3d$ とおく。x_1, x_2,
　x_3, x_4 がすべて素数であるとき，次の問いに答えよ。　　　　　　　　　　[奈良女子大]

(1) a は奇数，d は偶数であることを示せ。

(2) d は 3 の倍数であることを示せ。

(3) $x_3=67$ のとき，a, d の値を求めよ。

advice
1 (1)$n\equiv 0$, 1, 2, 3, 4 （5 を法とする合同式）のときに場合分けする。
2 (2)$n^2+1=(n^2-4)+5=(n+2)(n-2)+5$ と変形できる。
3 (1)a は偶数である，また，d は奇数であると仮定し，それぞれについて矛盾を示す。

23 ｜ 不定方程式 ①

☑ 基礎Check

1 次の問いに答えよ。

(1) ユークリッドの互除法を利用して，$13x+18y=1$ を満たす整数 x，y の組を 1 つ求めよ。

(2) $13x+18y=1$ を満たす整数 x，y の組をすべて求めよ。

2 3 で割ると 2 余り，5 で割ると 3 余る整数の中で 1000 に最も近い数を求めよ。

1 0 または正の整数 x，y を用いて，$n=5x+11y$ と表される整数 n 全体の集合を A とする。次の問いに答えよ。

[明治大]

(1) A に属する整数のうち，小さいほうから数えて 3 番目，4 番目，9 番目のものをそれぞれ求めよ。

(2) m は整数であって，$n\geqq m$ を満たす整数 n はすべて A の要素であるという。このような整数 m のうち最小のものを求めよ。

☆ **2** 負でない整数全体の集合を X とし，X の部分集合 $A = \{3m + 5n \mid m, \ n \in X\}$ を考える。次
の問いに答えよ。　　　　　　　　　　　　　　　　　　　　　　　　　　　　　　　　　　　[関西大]

(1) A の要素で小さいものから数えて 7 番目の数を求めよ。

(2) X における A の補集合 $\overline{A}$ の要素をすべてあげよ。

☆ **3** 11 で割ると 7 余り，5 で割ると 3 余る自然数がある。この自然数を 11×5 で割ったときの余
りを求めよ。　　　　　　　　　　　　　　　　　　　　　　　　　　　　　　　　　　　　[摂南大]

4 5 で割ると 4 余り，4 で割ると 2 余る自然数がある。次の問いに答えよ。　　　　　[法政大]

(1) 最小の数と，小さいほうから 2 番目の数を求めよ。

(2) 小さいほうから m 番目の数を求めよ。

---

advice
1 (2) y の値を 5 で割った余りにより場合分けを行う。
2 (2) $3m + 5n$ の形で表すことのできないもの（例えば，1，2）をすべて求める。
3 11 で割ると 7 余り，5 で割ると 3 余る自然数の一般形を求める。

24 | 不定方程式 ②

☑ 基礎Check

1 $xy - 2x - y = 10$ を満たす自然数の組 (x, y) をすべて求めよ。

2 $n^2 + 4n - 21$ が素数となるような自然数 n の値を求めよ。

1 次の問いに答えよ。

[産業能率大]

(1) $x^2 - y^2 + 4y - 5 = 0$ を満たす整数の組 (x, y) をすべて求めよ。

(2) 正の整数 k と素数 p が，$k^2 + 4k - p - 5 = 0$ を満たすとき，k と p の値を求めよ。

2 $3x^2 + 2xy + y^2 = 11$ を満たす整数の組 $(x, \ y)$ をすべて求めよ。 [広島文教女子大]

3 次の問いに答えよ。 [尾道大]

(1) $xyz + 2xy + xz - 2yz + 2x - 4y - 2z - 4$ を因数分解せよ。

(2) $xyz + 2xy + xz - 2yz + 2x - 4y - 2z - 34 = 0$ を満たす自然数の組 $(x, \ y, \ z)$ は全部で何組あるか。

☆ **4** $\sqrt{n^2 + 27}$ が整数であるような自然数 n をすべて求めよ。 [岡山県立大]

☆ **5** n を整数として，$A = n^4 - 16n^2 + 100$ を考える。A が素数になるような n は存在するだろうか。存在するならば，そのときの整数 n と素数 A をすべて求めよ。 [中京大]

---

advice

1 (2)与式より，$(k+5)(k-1) = p$

2 $3x^2 + 2xy + y^2 = 11$ より，$(x+y)^2 = 11 - 2x^2$ だから，x の値がしぼられる。

5 $n^4 - 16n^2 + 100 = n^4 + 20n^2 + 100 - 36n^2 = (n^2+10)^2 - (6n)^2$

25 不定方程式 ③

☑ 基礎Check

1 $x \geqq y$ かつ $\dfrac{1}{x}+\dfrac{1}{y}=\dfrac{1}{6}$ を満たす自然数の組 (x, y) をすべて求めよ。

2 $2a+3b+c=12$ を満たす自然数の組 (a, b, c) は全部で何組あるか。

☆ **1** 次の空欄にあてはまる数を求めよ。

(1) 方程式 $\dfrac{2}{x}+\dfrac{4}{y}=1$ を満たす自然数の組 (x, y) は ① 組あるが，そのなかで x が最大となる組 (x, y) は（ ② ， ③ ）であり，x が最小となる組 (x, y) は（ ④ ， ⑤ ）である。

(2) 方程式 $x^2+3xy+2y^2-6x-8y=0$ を満たす整数の組 (x, y) は ① 組あるが，そのなかで x が最大となる組 (x, y) は（ ② ， ③ ）であり，x が最小となる組 (x, y) は（ ④ ， ⑤ ）である。

[東京農業大]

☆ **2** 自然数 x, y について $x \leqq y$ のとき，$\dfrac{1}{x} + \dfrac{1}{y} = \dfrac{1}{4}$ を満たす (x, y) を，x の小さい順にすべてあげよ。

［東京薬科大］

3 a, x を自然数とする。$x^2 + x - (a^2 + 5) = 0$ を満たす組 (a, x) をすべて求めよ。

［京都教育大］

☆ **4** 等式 $3n + 4 = (m - 1)(n - m)$ を満たす自然数の組 (m, n) をすべて求めよ。

［学習院大］

5 a, b, c, d は自然数で，かつ $2 \leqq a < b < c < d$ である。このとき，$\dfrac{1}{a} + \dfrac{1}{b} + \dfrac{1}{c} + \dfrac{1}{d} = 1$ を満たす組 (a, b, c, d) をすべて求めよ。

［久留米大］

---

advice

2 $x \leqq y$ を利用して x の範囲をしぼる。または，両辺を $4xy$ 倍する。

3 x についての2次方程式と見て，解が自然数になる条件を考える。

4 与式を変形して，n について解き，自然数になる条件を考える。

26 | 整数の性質の活用

☑ 基礎Check

1 実数 x に対して，$n \leqq x < n+1$ を満たす整数 n を $[x]$ と表す。次の問いに答えよ。

(1) $[3.14]$，$[\sqrt{5}\,]$，$[-4.2]$ の値をそれぞれ求めよ。

(2) 方程式 $[x]^2 - 2[x] - 8 = 0$ を満たす x の範囲を求めよ。

2 次の問いに答えよ。

(1) 3 進数 1201 を 10 進法で表せ。

(2) 10 進数 0.75 を 2 進法で表せ。

☆ **1** ある自然数を 3 進法と 5 進法で表すと，どちらも 2 桁の数で，各位の数の並びは逆になる。この数を 10 進法で表せ。

[防衛医科大]

☆ **2** 実数 x に対して，$n \leqq x < n+1$ を満たす整数 n を $[x]$ と表す。このとき，$x^2 - 2[x] = 0$ を満たす x の値をすべて求めよ。

[工学院大]

3 実数 x に対して，$n \leqq x < n+1$ を満たす整数 n を $[x]$ と表す。次の問いに答えよ。

［産業医科大］

(1) 方程式 $4x - 3[x] = 0$ の解の個数を求めよ。

(2) 方程式 $x^2 - 3x + [3x] = 0$ の解の個数を求めよ。

4 等式 $\left[\dfrac{a}{2}\right] + \left[\dfrac{2a}{3}\right] = a$ を満たす最大の整数 a を求めよ。ただし，$[x]$ は x 以下の最大の整数を表す。

［早稲田大］

5 p，$2p+1$，$4p+1$ がいずれも素数であるような p をすべて求めよ。

［一橋大］

advice
2 $y = x^2$ と $y = 2[x]$ のグラフの交点と考えることもできる。
4 2と3の最小公倍数は6。記号 [ ] を外すために，a を6で割った余りによって場合分けする。
5 p を3で割った余りによって場合分けする。

編集協力　エデュ・プラニング
装丁デザイン　ブックデザイン研究所
本文デザイン　A.S.T DESIGN
　図　版　京都地図研究所

大学入試 ステップアップ 数学A【標準】

編 著 者	大学入試問題研究会	発 行 所	受験研究社
発 行 者	岡 本 泰 治		©株式会社 増進堂・受験研究社
印 刷 所	岩 岡 印 刷		

〒 550-0013 大阪市西区新町2丁目19番15号
注文・不良品などについて：(06)6532-1581(代表)／本の内容について：(06)6532-1586(編集)

注意 本書を無断で複写・複製(電子化を含む)
　　して使用すると著作権法違反となります。

Printed in Japan　髙廣製本
落丁・乱丁本はお取り替えします。

解答・解説

解答・解説

解答・解説

第1章 場合の数と確率

01 集合の要素の個数 (pp.4～5)

☑ 基礎Check

1 (1) 33個 (2) 20個 (3) 47個 (4) 73個

2 60個

解説

1 (1) $100 = 3 \cdot 33 + 1$ より，33個

(2) $100 = 5 \cdot 20$ より，20個

(3) 3と5の最小公倍数15の倍数は

$100 = 15 \cdot 6 + 10$ より，6個

よって，$n(A \cup B) = 33 + 20 - 6 = 47$(個)

(4) $\overline{A \cup B} = A \cap \overline{B}$ より，$n(A \cap \overline{B}) = 33 - 6 = 27$

よって，$n(\overline{A} \cup B) = n(U) - n(A \cap \overline{B})$

$= 100 - 27 = 73$(個)

2 3の倍数は33個

4の倍数は $100 = 4 \cdot 25$ より，25個

5の倍数は20個

3と4の最小公倍数12の倍数は

$100 = 12 \cdot 8 + 4$ より，8個

4と5の最小公倍数20の倍数は

$100 = 20 \cdot 5$ より，5個

5と3の最小公倍数15の倍数は6個

3と4と5の最小公倍数60の倍数は

$100 = 60 \cdot 1 + 40$ より，1個

よって，$(33 + 25 + 20) - (8 + 5 + 6) + 1 = 60$(個)

Point

$n(A \cup B \cup C)$
$= n(A) + n(B) + n(C)$
$\quad - n(A \cap B) - n(B \cap C) - n(C \cap A)$
$\quad + n(A \cap B \cap C)$

1 (1) 65人 (2) 最大値70人，最小値50人
(3) 最大値20人，最小値0人

解説

(1) A商品を買った人の集合を A，B商品を買った人の集合を B とすると，

$n(A \cap B) = n(A) + n(B) - n(A \cup B)$

$= 80 + 70 - (100 - 15) = 65$

(2) $n(A) > n(B)$ より，$n(A) \leqq n(A \cup B) \leqq 100$

よって，$80 \leqq 80 + 70 - n(A \cap B) \leqq 100$

$50 \leqq n(A \cap B) \leqq 70$

したがって，最大値70人，最小値50人

(3) (2)より，$80 \leqq n(A \cup B) \leqq 100$

$n(A \cup B) = n(U) - n(\overline{A \cup B})$ より，

$0 \leqq n(\overline{A \cup B}) \leqq 20$

よって，最大値20人，最小値0人

2 (1) 21 (2) 26

解説

(1) $n(A \cap B) = 17 + 33 - 38 = 12$

よって，$n(\overline{A} \cap B) = n(B) - n(A \cap B)$

$= 33 - 12 = 21$

(2) $n(A \cup \overline{B}) = n(U) - n(\overline{A} \cap B) = 47 - 21 = 26$

3 (1) 40人 (2) 410人

解説

(1) A社，B社，C社と契約している人の集合をそれぞれ A，B，C とすると，

$280 + 150 + 120 - n(A \cap B) - n(B \cap C) - n(C \cap A)$
$\quad + 20 = 500 - 30$

$n(A \cap B) + n(B \cap C) + n(C \cap A) = 100$

よって，$n(A \cap B) + n(B \cap C) + n(C \cap A)$
$\quad - n(A \cap B \cap C) \times 3 = 100 - 20 \cdot 3 = 40$(人)

(2) 2社のみまたは1社のみと契約しているのは，

$500 - (20 + 30) = 450$(人)

よって，(1)より，1社のみと契約しているのは，

$450 - 40 = 410$(人)

4 (1) 10 (2) 5 (3) 14

解説

それぞれの集合の要素を書き出すと，

$A = \{2, 3, 5, 7, 11, 13, 17, 19, 23, 29\}$

$B = \{5, 10, 15, 20, 25, 30\}$

$C = \{1, 8, 15, 22, 29\}$

(2) $\overline{A} \cap B = \{10, 15, 20, 25, 30\}$

(3) $A \cup C = \{1, 2, 3, 5, 7, 8, 11, 13, 15, 17, 19,$
$\qquad 22, 23, 29\}$

02 場合の数 (pp.6〜7)

☑ 基礎Check

1 (1) 10 通り　(2) 6 通り　(3) 4 通り

解説

1 (1) 和が 6 になる場合をすべて書き出すと，
(大，中，小) ＝ (1, 1, 4)，(1, 4, 1)，(4, 1, 1)，
(1, 2, 3)，(1, 3, 2)，(2, 1, 3)，(2, 3, 1)，
(3, 1, 2)，(3, 2, 1)，(2, 2, 2) の 10 通り。

(2) 右の図のように記号をつ
けると，かき方は 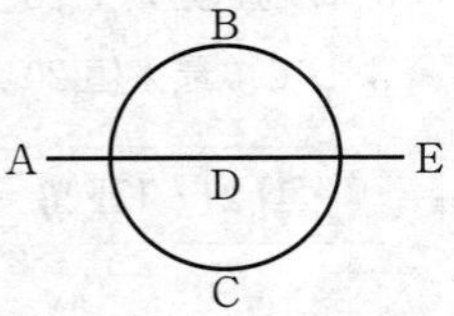
A－B－C－D－E
A－B－D－C－E
A－D－B－C－E
A－D－C－B－E
A－C－B－D－E
A－C－D－B－E
の 6 通り。

(3) 100 円玉，50 円玉，10 円玉をそれぞれ a 枚，b
枚，c 枚使うとすると，支払い方法は，
$(a, b, c) = (1, 1, 0)$，$(1, 0, 5)$，$(0, 3, 0)$，
$(0, 2, 5)$ の 4 通り。

1 (1)① 27　② 189　(2) 21
　　　(3)① 12　② 22

解説

(1)① 積 abc が奇数になるのは，すべてが奇数の目の
場合なので，$3 \cdot 3 \cdot 3 = 27$(組)

② 偶数になるのは，それ以外なので，
$6 \cdot 6 \cdot 6 - 27 = 189$(組)

(2) 現れる数字と等号・不等号の並びを書き出すと，
(i) 1 数のみ現れる場合，1，2，3 の 3 通りで，各々
に対して，＝＝＝＝の 1 通りより，$3 \times 1 = 3$(組)

(ii) 2 数が現れる場合，1 と 2，1 と 3，2 と 3 の 3
通りで，各々に対して，
$<$＝＝＝，＝$<$＝＝，＝＝$<$＝，＝＝＝$<$
の 4 通りより，$3 \times 4 = 12$(組)

(iii) 3 数が現れる場合，1 と 2 と 3 の 1 通りで，
$<$＜＝＝，＜＝$<$＝，＜＝＝$<$，
＝$<$＜＝，＝$<$＝$<$，＝＝$<$＜

の 6 通りより，$1 \times 6 = 6$(組)
(i)〜(iii) より，$3 + 12 + 6 = 21$(組)

(3)① 3 桁の数が 3 の倍数になるのは，(1, 2, 3)，
(2, 3, 4) を並べた場合で，各々に 3! ＝ 6(通り)
の並べ方があるので，$2 \times 6 = 12$(個)

② 重複を許すとき，3 桁の数が 3 の倍数になるのは，
(1, 1, 1)，(1, 1, 4)，(1, 2, 3)，(2, 2, 2)，
(1, 4, 4)，(2, 3, 4)，(3, 3, 3)，(4, 4, 4) を並
べた場合で，異なる 3 数 2 組に対して 3! 通り，2
数が同じ組 2 組に対して 3 通り，3 数が同じ組 4
組に対して 1 通りなので，
$2 \times 3! + 2 \times 3 + 4 \times 1 = 22$(個)

2 14 通り

解説

右の図のように，マス目に記号をつ
けると，条件より，A＝1，H＝8
が決まる。

A	B	C	D
E	F	G	H

(i) B＝2 の場合，
C＝3 のとき，
(D, E, F, G) ＝ (4, 5, 6, 7)，(5, 4, 6, 7)，
(6, 4, 5, 7)，(7, 4, 5, 6)
E＝3 のとき，
(C, D, F, G) ＝ (4, 5, 6, 7)，(4, 6, 5, 7)，
(4, 7, 5, 6)，(5, 6, 4, 7)，(5, 7, 4, 6)

(ii) E＝2 の場合，
B＝3 と決定し，
(C, D, F, G) ＝ (4, 5, 6, 7)，(4, 6, 5, 7)，
(4, 7, 5, 6)，(5, 6, 4, 7)，(5, 7, 4, 6)

(i)，(ii) より，$4 + 5 + 5 = 14$(通り)

3 (1) 105 個　(2) 104 個　(3) 68 個

解説

つくる 3 桁の数を abc とする。ただし $a \neq 0$ である。

(1) c が偶数のとき，abc は偶数となるから，
(i) c が 2，4，6 のいずれかの場合
a は 0 と c 以外の 5 通り。b は a と c 以外の 5 通
り。
よって，$3 \times 5 \times 5 = 75$(個)

(ii) c が 0 の場合
a は c 以外の 6 通り。b は a と c 以外の 5 通り。
よって，$1 \times 6 \times 5 = 30$(個)

(i)，(ii)より，$75 + 30 = 105$(個)

(2)① a が 3 の場合

  (i)b が 4 のとき

   c は 1，2，5，6 のいずれかより 4(個)

  (ii)b が 5 以上のとき

   c は 3 と b 以外の 5 通り。

   よって，$2 \times 5 = 10$(個)

 ② a が 4 以上の場合

  b は a 以外の 6 通り，c は a，b 以外の 5 通り。

  よって，$3 \times 6 \times 5 = 90$(個)

 ①，②より，

 $4 + 10 + 90 = 104$(個)

(3)$a + b + c$ が 3 の倍数になればよい。

 まず，0，1，2，3，4，5 を 3 で割った余りで以下のように分類する。

 $R_0 = \{0, 3, 6\}$ $R_1 = \{1, 4\}$ $R_2 = \{2, 5\}$

 $a + b + c$ が 3 の倍数となるような数字の取り出し方を考える。

 ①R_0，R_1，R_2 の要素が 1 つずつ入っている場合

  (i)0 を含まないとき

   R_0 は 3，6 のいずれかだから，R_0，R_1，R_2 からの数字の選び方は，$2 \times 2 \times 2 = 8$(通り)

   数字の並べ方は $3! = 6$(通り)

   よって，$8 \times 6 = 48$(個)

  (ii)0 を含むとき

   R_0 は 0 に決まる。R_1，R_2 からの数字の選び方は，$2 \times 2 = 4$(通り)

   数字の並べ方は，$2 \times 2 = 4$(通り)

   よって，$4 \times 4 = 16$(個)

 ②R_0 の要素が 3 つ入っているとき

  $2 \times 2 = 4$(個)

 ①，②より，

 $48 + 16 + 4 = 68$(個)

---

④ (1)$C(3) = 2$，$C(4) = 9$ (2)265

解説

(1)$n = 3$ のとき，条件を満たすような並べ方は，

$2 - 3 - 1$，$3 - 1 - 2$ の 2 通り。

$n = 4$ のとき，並べ方は，

$2 - 1 - 4 - 3$，$2 - 3 - 4 - 1$，$2 - 4 - 1 - 3$，

$3 - 1 - 4 - 2$，$3 - 4 - 1 - 2$，$3 - 4 - 2 - 1$，

$4 - 1 - 2 - 3$，$4 - 3 - 1 - 2$，$4 - 3 - 2 - 1$ の 9 通り。

---

(2)$2 - 1$ より，$C(2) = 1$

$C(4)$ について，3 数が並んでいる右端に数字「4」を付け加えると考えると，

(i)3 数が条件を満たしている場合，3 数のいずれか 1 つと 4 を交換する。

(ii)2 数のみ条件を満たし，1 数が条件を満たさない場合，条件を満たさない 1 数と 4 を交換する。このとき，条件を満たさない数の選び方は 3 通りである。

(i)，(ii)より，

$C(4) = 3 \times C(3) + 3 \times C(2) = 9$

同様に考えると，

$C(n+2) = (n+1)\{C(n+1) + C(n)\}$

と表せるので，

$C(5) = 4\{C(4) + C(3)\} = 44$

$C(6) = 5\{C(5) + C(4)\} = 5 \times (44 + 9) = 265$

03 順 列 ①   (pp.8〜9)

❶ (1)96 通り (2)50 番目

❷ 48 通り

解説

❶ (1)4 数を並べ，そのうち 0 から始まる並べ方を除くと考えて，

  ${}_5P_4 - 1 \times {}_4P_3 = 120 - 24 = 96$(通り)

 (2)千の位が 1，2 の 4 桁の整数はともに，

  ${}_4P_3 = 24$(個)

  その後，3012，3014 と続くので，

  $24 \times 2 + 2 = 50$(番目)

❷ 両端の両親の並び方は $2!$ 通り，その間の子ども 4 人の並び方は $4!$ 通りだから，

 $2! \times 4! = 2 \times 24 = 48$(通り)

Point

n 個から r 個取る**順列**の総数は，

$$_nP_r = n(n-1)(n-2)\cdots(n-r+1)$$

n 個から n 個(すべて)取る順列の総数は，

$$_nP_n = n!\ (n\ \text{の階乗})$$

---

① (1)24 (2)24 (3)8

解説

つくる 3 桁の整数を abc とする。

(1) c が偶数となればよいので，c の選び方は 2 通り。

ab の選び方は c 以外の 4 つの数字から 2 つを並べる順列で，$_4P_2 = 12$（通り）

したがって，$2 \times 12 = 24$（個）

(2) $a+b+c$ が 3 の倍数となればよい。まず，1，2，3，4，5 を 3 で割った余りで以下のように分類する。

$R_0 = \{3\}$　$R_1 = \{1, 4\}$　$R_2 = \{2, 5\}$

$a+b+c$ が 3 の倍数となるような数字の取り出し方は，R_0，R_1，R_2 から 1 つずつ取り出したときのみなので，$1 \times 2 \times 2 = 4$（通り）

それぞれの取り出し方について，数字の並べ方は，$3! = 6$（通り）

したがって，$4 \times 6 = 24$（個）

(3) c が偶数かつ，$a+b+c$ が 3 の倍数となればよい。

(i) c が 2 のとき

ab について，R_0 から 1 つ，R_1 から 1 つ選ぶので，$1 \times 2 \times 2! = 4$（通り）

(ii) c が 4 のとき

ab について，R_0 から 1 つ，R_2 から 1 つ選ぶので，$1 \times 2 \times 2! = 4$（通り）

(i)，(ii) より，$4 + 4 = 8$（個）

2 519960

解説

4 個の数の並べ方は，$_5P_4 = 120$（通り）

例えば 0246 は 246 とみなして，これらをすべて加える。各位に 5 個の数字が均等に 24 回ずつ現れることに注意すると，総和は，

$(0+2+4+6+8) \times 24 \times (1000+100+10+1)$
$= 533280$

このうち，0 から始まる並べ方は，$_4P_3 = 24$（通り）で，各位に 0 以外の 4 個の数が均等に 6 回ずつ現れることに注意すると，これらだけの和は，

$(2+4+6+8) \times 6 \times (100+10+1) = 13320$

よって，$533280 - 13320 = 519960$

3 60 通り

解説

R，I，Y を □ として，□ を 3 つ，K を 2 つ，O を 1 つ並べる。

$\dfrac{6!}{3!2!} = 60$（通り）

Point

同じものを含む順列では，まずそれらを区別して並べ，その後それらの個数の階乗で割る。

a が p 個，b が q 個，c が r 個あるとき，これらを 1 列に並べる順列の総数は，

$$\dfrac{n!}{p!q!r!} \quad (n = p+q+r)$$

4 (1) 560 通り　(2) 140 通り　(3) 360 通り

解説

(1) 8 つの玉に，同じ赤い玉が 3 個，白い玉が 3 個，青い玉が 2 個含まれるので，

$\dfrac{8!}{3!3!2!} = 560$（通り）

(2) 青い玉 2 個を 1 個の玉とみて，$\dfrac{7!}{3!3!} = 140$（通り）

(3) 赤い玉 2 個を 1 個の玉とみて，$\dfrac{7!}{3!2!} = 420$（通り）

これは赤い玉が 3 個続く並べ方が重複して数え上げられている。

赤い玉が 3 個続く並べ方は，赤い玉 3 個を 1 個の玉とみて，$\dfrac{6!}{3!2!} = 60$（通り）

よって，2 個以上続く並べ方は，

$420 - 60 = 360$（通り）

別解

赤い玉が続いて並ばない場合の数を考える。

白い玉 3 個，青い玉 2 個を並べ，両端を含めた 6 か所の間に赤い玉を 3 個並べると考えて，

$\dfrac{5!}{3!2!} \times {}_6C_3 = 10 \times 20 = 200$（通り）

→ p.6 **05** 組合せ① の **Point** 参照

よって，(1) より，$560 - 200 = 360$（通り）

5 (1) 64 通り　(2) 473 通り　(3) 90 通り
(4) 622 通り

解説

(1) U，S の 2 種類の文字を重複を許して 6 文字並べるので，$2^6 = 64$（通り）

(2) O が 1 個だけ含まれる並べ方は，U，S の 2 種類のみを 5 文字並べ，両端を含む 6 か所の間のいずれかに O を入れると考えて，$2^5 \times 6 = 192$（通り）

3 種類の文字を 6 文字並べる場合の数は，

$3^6 = 729$（通り）なので，

$729 - (64+192) = 473$（通り）

(3) O を 2 文字，U を 2 文字，S を 2 文字並べるので，

$$\frac{6!}{2!2!2!} = 90(通り)$$

(4) 「OUS」が含まれる順列を考える。☆を O，U，S のいずれかの文字とすると，

① OUS ☆☆☆ の場合，$3^3 = 27(通り)$
② ☆ OUS ☆☆ の場合，$3^3 = 27(通り)$
③ ☆☆ OUS ☆ の場合，$3^3 = 27(通り)$
④ ☆☆☆ OUS の場合，$3^3 = 27(通り)$

このうち，①と④で「OUSOUS」を重複して数えているので，$27 \times 4 - 1 = 107(通り)$

よって，$3^6 - 107 = 622(通り)$

Point
重複順列
n 個から r 個を重複を許して取る順列の総数は，
n^r

04 順　列 ②　　　(pp.10〜11)

☑ 基礎Check
1 (1) 720 通り　　(2) 240 通り
2 48 通り

解説

1 (1) 7 人の円順列なので，
$(7-1)! = 6! = 720(通り)$

(2) 女子 2 人の間に入る男子 1 人の選び方は 5 通り。それぞれに対して女子 2 人の並び方は 2! 通りある。この 3 人を 1 人として，5 人の円順列を考える。
$5 \times 2! \times (5-1)! = 5 \times 2 \times 24 = 240(通り)$

2 1 色，2 色で塗り分けるのは不可能である。
(i) 3 色で塗り分ける場合
B と D に 1 色，A に 1 色，C に 1 色使うことになる。4 色から 3 色を取る順列なので，
$_4P_3 = 4 \cdot 3 \cdot 2 = 24(通り)$
(ii) 4 色で塗り分ける場合
$4! = 24(通り)$
(i)，(ii) より，$24 + 24 = 48(通り)$

Point
円順列
異なる n 個のものを円形に並べる順列の総数は，
$(n-1)!$

1 (1) 120 通り　　(2) 48 通り　　(3) 24 通り

解説

(1) $(6-1)! = 5! = 120(通り)$

(2) 男子 2 人を 1 人として，5 人の円順列を考える。それぞれに対して男子 2 人の並べ方は 2! 通りあるので，
$(5-1)! \times 2! = 24 \times 2 = 48(通り)$

(3) 向かい合う男子 2 人を固定すると，女子 4 人が並ぶ順列になるので，
$4! = 24(通り)$

Point
特定の 1 人または特定の 1 組から見ると，円順列は通常の順列の問題となる。

2 (1) 30 通り　　(2) 15 通り

解説

(1) 底面をある 1 色に固定する。その向かい合った面の色をそれ以外の 5 色から選ぶと，側面は残り 4 色の円順列になる。
よって，$5 \times (4-1)! = 5 \times 6 = 30(通り)$

(2) いずれか 1 色は向かい合った面に塗ることになり，側面は残り 4 色のじゅず順列になる。
よって，$5 \times \frac{(4-1)!}{2} = 5 \times 3 = 15(通り)$

Point
じゅず順列
n 個の円順列で，裏返して一致するものは同じものとするとき，並び方の総数は，$\frac{(n-1)!}{2}$

3 (1) 10 通り　　(2) 16 通り

解説

(1) A を固定すると，5 文字の順列で，この 5 文字の中に B が 2 文字，C が 3 文字含まれるので，
$$\frac{5!}{2!3!} = 10(通り)$$

(2) A の位置関係により場合分けを行う。
(i) A が隣り合う場合
AA を固定すると，B，B，C，C の順列になるので，
$$\frac{4!}{2!2!} = 6(通り)$$

(ii) 2 つの A の間に 1 文字入る場合

A ☆ A (☆ は B か C かの 2 通り) を固定すると，

残り 3 文字の順列になるので，$2 \times \dfrac{3!}{2!} = 6$ (通り)

(iii) 2 つの A が向かい合っている場合

2 つの B について「A をはさんでいる」，「向かい合っている」，「隣り合っている」のいずれかで B が「向かい合っている」のは 2 通りなので，全部で 4 通り。

(i)～(iii) より，$6 + 6 + 4 = 16$ (通り)

4 (1) 90 通り (2) 45 通り

解説

(1) 正方形を塗る 2 色の選び方は $_6\mathrm{P}_2$ 通り。側面は 4 色のじゅず順列になる。

$$_6\mathrm{P}_2 \times \dfrac{(4-1)!}{2} = 30 \times 3 = 90 \text{(通り)}$$

(2) いずれか 1 色は向かい合った 2 面を塗ることになる。

(i) 向かい合った面が正方形の場合，長方形 4 面の塗り方は 4 色のじゅず順列になる。

(ii) 向かい合った面が長方形の場合，正方形 2 面と長方形 2 面の塗り方は，4 色のじゅず順列がそれぞれ 2 通りある。

(i)，(ii) より，

$$5 \times \dfrac{(4-1)!}{2} + 5 \times 2 \times \dfrac{(4-1)!}{2} = 5 \times 3 + 5 \times 6$$
$$= 45 \text{(通り)}$$

05 組合せ ①

(pp.12～13)

☑ 基礎Check

1 (1) 210 通り (2) 90 通り
2 (1) 15 通り (2) 10 通り

解説

1 (1) 10 人から 4 人を選ぶので，

$_{10}\mathrm{C}_4 = 210$ (通り)

(2) 男子 6 人から 2 人，女子 4 人から 2 人を選ぶので，

$_6\mathrm{C}_2 \times _4\mathrm{C}_2 = 15 \times 6 = 90$ (通り)

2 (1) 6 人から 2 人を選べば，残り 4 人のグループは 1 通りに決まるので，$_6\mathrm{C}_2 = 15$ (通り)

(2) 3 人選べば，残り 3 人のグループは 1 通りに決まる。同じ人数の 2 つのグループの区別はつかないので，$\dfrac{_6\mathrm{C}_3}{2!} = \dfrac{20}{2} = 10$ (通り)

Point

n 個から r 個取る**組合せ**の総数は，

$$_n\mathrm{C}_r = \dfrac{n(n-1)\cdots(n-r+1)}{r(r-1)\cdots3\cdot2\cdot1} = \dfrac{n!}{r!(n-r)!}$$

1 (1) 1260 通り (2) 280 通り (3) 729 通り

解説

(1) まず 9 人から 2 人を選び，残りの 7 人から 3 人を選ぶと，4 人のグループは決まるので，

$_9\mathrm{C}_2 \times _7\mathrm{C}_3 = 36 \times 35 = 1260$ (通り)

(2) 3 人のグループ 3 組は区別がつかないので，

$\dfrac{_9\mathrm{C}_3 \times _6\mathrm{C}_3}{3!} = \dfrac{84 \times 20}{6} = 280$ (通り)

(3) 残りの 6 人が，A が属するグループ，B が属するグループ，C が属するグループのどのグループを選択するかを考えると，$3^6 = 729$ (通り)

2 15000 通り

解説

20 人から 5 人を選ぶ場合の数から，男子ばかり 5 人，または女子ばかり 5 人を選ぶ場合の数を除くと考えて，

$_{20}\mathrm{C}_5 - _{10}\mathrm{C}_5 \times 2 = 15504 - 504 = 15000$ (通り)

3 (1) 125 通り (2) 166 通り

解説

(1) 奇数のカードが 1 枚選ばれる場合と，3 枚とも偶数のカードである場合があるので，

$_6\mathrm{C}_2 \times _7\mathrm{C}_1 + _6\mathrm{C}_3 = 105 + 20 = 125$ (通り)

(2) 11 以上のカードが 1 枚も選ばれない場合を除く。

$_{13}\mathrm{C}_3 - _{10}\mathrm{C}_3 = 286 - 120 = 166$ (通り)

4 (1) 118 通り (2) 72 通り (3) 98 通り

解説

(1) グループに関係なく，合計 10 人の中から 7 人を選ぶ場合の数は $_{10}\mathrm{C}_7$ 通り。ここから，A グループの 3 人と C グループの 4 人，または B グループの 3 人と C グループの 4 人を選ぶ場合を除く。

$_{10}\mathrm{C}_7 - 2 = 120 - 2 = 118$ (通り)

(2) 1 つのグループからだけは 3 人が選ばれるので，

$_3\mathrm{C}_3 \times _3\mathrm{C}_2 \times _4\mathrm{C}_2 + _3\mathrm{C}_2 \times _3\mathrm{C}_3 \times _4\mathrm{C}_2 + _3\mathrm{C}_2 \times _3\mathrm{C}_2 \times _4\mathrm{C}_3$
$= 18 + 18 + 36 = 72$ (通り)

(3) A グループの 3 人とそれ以外の 7 人とに分けて，

$_3\mathrm{C}_2 \times _7\mathrm{C}_5 + _3\mathrm{C}_3 \times _7\mathrm{C}_4 = 63 + 35 = 98$ (通り)

06 組合せ ②

1 (1) 56 個　(2) 24 個

2 (1) 210 通り　(2) 130 通り

解説

1 (1) どの 3 つの頂点も同一直線上にないので，8 つ
の頂点から 3 つを選ぶと，それに対して三角形
がただ 1 つ決まる。
よって，$_8C_3 = 56$(個)

(2) 例えば，対角線 AE に対して，点 B，C，D，F，
G，H を選べば，この 3 点で直角三角形 6 個を
形成する。対角線は他に BF，CG，DH がある
ので，
$6 \times 4 = 24$(個)

2 (1) 縦に 4 回，横に 6 回の計 10 回進むので，
$_{10}C_4 = 210$(通り)

(2) C を通る経路を考える。A から C へ行くには，
縦 3 回，横 3 回の計 6 回，C から B へ行くには，
縦 1 回，横 3 回の計 4 回進むので，全部で
$_6C_3 \times _4C_1 = 20 \times 4 = 80$(通り)
よって，C を通らない経路は，(1)より，
$210 - 80 = 130$(通り)

---

1 (1) 186 個　(2) 60 個

解説

(1) 12 個の点から 3 個の点を選んで結べばよいが，3
個すべてを同じ辺上から選ぶと三角形とはならない
ので，
$_{12}C_3 - (_4C_3 + _5C_3 + _6C_3) = 220 - (4 + 10 + 20)$
$= 186$(個)

(2) 4 本の平行線から 2 本，それと平行でない 5 本の平
行線から 2 本選べば，平行四辺形が 1 つ決定するの
で，$_4C_2 \times _5C_2 = 6 \times 10 = 60$(個)

---

2 (1) 220 個　(2) 12 個　(3) 96 個
(4) 60 個　(5) 120 個　(6) 40 個

解説

(1) どの 3 頂点も同一直線上にはないので，12 個の頂
点から 3 個を選んで結べば，三角形が 1 つ決定する。
よって，$_{12}C_3 = 220$(個)

(2) D と 2 辺を共有する，つまり 1 角を共有する三角
形は，1 つの角に対して 1 つに限られるので，12 個

ある。

(3) 1 辺を決定すると，その両端の 2 つの頂点のすぐ隣
の頂点になる 2 つの点以外の 8 個の頂点のいずれか
1 点と結ぶことで三角形を決定できるので，
$8 \times 12 = 96$(個)

(4) 正十二角形の外接円の中心を通る対角線を 1 本決め
ると，その両端の 2 つの頂点以外の 10 個の頂点の
いずれか 1 点と結ぶことで直角三角形を作ることが
できる。このような対角線は 6 本ひけるので，
$10 \times 6 = 60$(個)

(5) 各辺の外にある頂点の個数で三角形を表すと，鈍角
三角形となるのは，
$(6, 3, 0), (6, 2, 1), (6, 1, 2), (6, 0, 3),$
$(7, 2, 0), (7, 1, 1), (7, 0, 2), (8, 1, 0),$
$(8, 0, 1), (9, 0, 0)$
の 10 種類で，頂点の選び方でそれぞれ 12 通り考え
られるので，$10 \times 12 = 120$(個)

(6) (1)，(4)，(5)より，$220 - (60 + 120) = 40$(個)

---

3 (1) $\dfrac{1}{2}n(n-2)$ 個　(2) $\dfrac{1}{8}n(n-2)(n-4)$ 個

(3) $\dfrac{1}{24}n(n-2)(n-4)$ 個

解説

(1) 正 n 角形の外接円の中心を通る対角線は $\dfrac{n}{2}$ 本。

正 n 角形の外接円の中心を通る対角線に対し，そ
の両端の 2 つの頂点以外の $(n-2)$ 個の頂点のうち
いずれか 1 点を結ぶと，直角三角形になる。
よって，直角三角形の個数は，
$\dfrac{n}{2} \times (n-2) = \dfrac{1}{2}n(n-2)$(個)

(2) 右の図のように，
A_1 を頂点とする鈍
角三角形の他の 2 つ
の頂点は，$A_2 \sim A_{\frac{n}{2}}$
のうちの 2 つである。
$A_2 \sim A_{\frac{n}{2}}$ の頂点の
個数は $\left(\dfrac{n}{2}-1\right)$ 個。

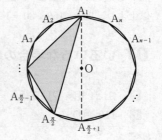

頂点は n 個なので，鈍角三角形の個数は，
$$n \times {}_{\frac{n}{2}-1}C_2 = n \times \dfrac{\left(\dfrac{n}{2}-1\right)\left(\dfrac{n}{2}-2\right)}{2}$$

7

$$=\frac{1}{8}n(n-2)(n-4)\text{(個)}$$

(3)すべての三角形は，鋭角三角形，直角三角形，鈍角三角形のいずれかである。

三角形の総数は，n 個の頂点から 3 点を選ぶと考えて，$_n\mathrm{C}_3$ 個。

よって，鋭角三角形の個数は，(1)，(2)より

$$_n\mathrm{C}_3-\frac{1}{2}n(n-2)-\frac{1}{8}n(n-2)(n-4)$$

$$=\frac{1}{6}n(n-1)(n-2)-\frac{1}{2}n(n-2)-\frac{1}{8}n(n-2)(n-4)$$

$$=\frac{n(n-2)}{24}\{4(n-1)-12-3(n-4)\}$$

$$=\frac{1}{24}n(n-2)(n-4)\text{(個)}$$

4 381 通り

解説

図のように点 P〜S の 4 点を定めると，地点 A から地点 B まで最短経路で進むとき，いずれか 1 点のみを通過することになる。

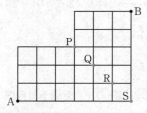

点 P を通過する場合は，

$_6\mathrm{C}_3\times{}_5\mathrm{C}_2=20\times10=200\text{(通り)}$

点 Q を通過する場合は，

$_6\mathrm{C}_2\times{}_5\mathrm{C}_2=15\times10=150\text{(通り)}$

点 R を通過する場合は，$_6\mathrm{C}_1\times{}_5\mathrm{C}_1=6\times5=30\text{(通り)}$

点 S を通過する場合は，1 通り

以上より，$200+150+30+1=381\text{(通り)}$

07 いろいろな場合の数　　(pp.16〜17)

☑ 基礎Check

1 (1) 21 組　　(2) 45 組

2 110 通り

解説

1 (1)

$$\bigcirc\bigcirc\mid\bigcirc\bigcirc\bigcirc\bigcirc\bigcirc\mid\bigcirc$$
$$(x=2,\ y=5,\ z=1\text{の場合})$$

　　◯を 8 個並べ，両端を含まない 7 か所の間のいずれか 2 か所に 2 つの仕切りを入れ，区切られ

た◯の個数をそれぞれ x，y，z の値と考える。

$_7\mathrm{C}_2=21\text{(組)}$

(2) x，y，z の 3 種類の文字から重複を許して計 8 文字を選ぶと考えて，

$_3\mathrm{H}_8={}_{10}\mathrm{C}_8={}_{10}\mathrm{C}_2=45\text{(組)}$

2 3 個の数のうちいずれか 1 個でも偶数であれば，それらの積は偶数になる。

すべての組合せから 3 数がすべて奇数である場合を除いて，

$_{10}\mathrm{C}_3-{}_5\mathrm{C}_3=120-10=110\text{(通り)}$

> **Point**
>
> **重複組合せ**
>
> 異なる n 個のものから重複を許して r 個取る組合せの総数は，
>
> $_n\mathrm{H}_r={}_{n+r-1}\mathrm{C}_r$

1 (1) 125 組　(2) 10 組　(3) 35 組　(4) 21 組

解説

(1) x，y，z の選び方はそれぞれ 5 通りなので，

$5^3=125\text{(組)}$

(2) 1 から 5 までの 5 つの数から 3 つを選び，小さい順に x，y，z とすればよいので，

$_5\mathrm{C}_3=10\text{(組)}$

(3)(i) 3 数とも同じ場合は，$_5\mathrm{C}_1=5\text{(組)}$

(ii) 2 数が同じ場合は，$_5\mathrm{P}_2=20\text{(組)}$

(iii) 3 数とも異なる場合は，(2)より 10 組

(i)〜(iii)より，$5+20+10=35\text{(組)}$

(4) x，y，z の 3 種類の文字から重複を許して計 5 文字を選ぶと考えて，

$_3\mathrm{H}_5={}_7\mathrm{C}_5={}_7\mathrm{C}_2=21\text{(組)}$

2 120 組

解説

d を負でない整数として，

$a+b+c+d=10\ (a\geqq1,\ b\geqq1,\ c\geqq1,\ d\geqq0)$ となればよい。

(i) $d=0$ のとき，

$a+b+c=10$ の整数解は，$_9\mathrm{C}_2=36\text{(組)}$

(ii) $d\geqq1$ のとき，

$a+b+c+d=10$ の整数解は，

$_9\mathrm{C}_3=84\text{(組)}$

(i)，(ii)より，$36+84=120\text{(組)}$

別解

○|○○○|○○○○|○○

($a=1$, $b=3$, $c=4$ の場合)

○を 10 個並べ，左端を含まない 10 か所の間のいずれか 3 か所に 3 つの仕切りを入れ，区切られた○の個数をそれぞれ a，b，c の値と考える。

${}_{10}\mathrm{C}_3=120$(組)

3 (1) **1020 通り** (2) **570 通り**

解説

(1)すべての組合せから 3 個とも奇数である場合を除く。

${}_{20}\mathrm{C}_3-{}_{10}\mathrm{C}_3=1140-120=1020$(通り)

(2)「3 個とも偶数」または「1 個だけ偶数」のとき，和は偶数となるので，

${}_{10}\mathrm{C}_3+{}_{10}\mathrm{C}_2\times{}_{10}\mathrm{C}_1=120+450=570$(通り)

4 (1) **2 通り** (2) **4 通り**
(3) **$(4n-4)$ 通り** (4) **$(4n^2-16n+18)$ 通り**

解説

(1)各列の前後の席から 1 席ずつ選び，それらを前後互い違いに並べる場合のみなので，2 通り。

ここで，前後 2 席がどちらも選ばれていない列を□，
(1)と同様に，各列の前後の席から 1 席ずつ選び，それらを前後互い違いに並べる列を■で表す。

(2) $n\geqq3$，$k=n-1$ のとき，座席の選び方は次の図のようになる。

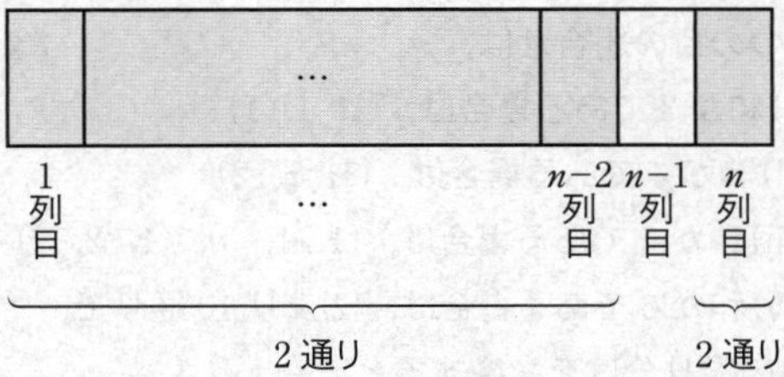

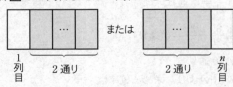

よって，$2+2=4$(通り)

(3) $n\geqq3$，$k=n-1$ のとき，1 つの列が□になる。

(i)□が 1 列目または n 列目のとき

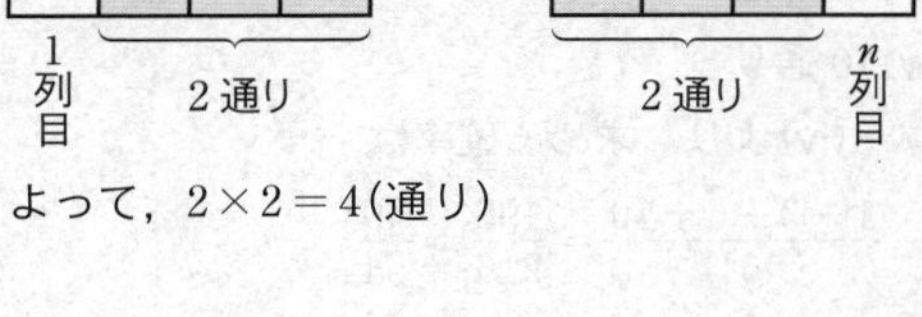

よって，$2\times2=4$(通り)

(ii)□が 2 列目から $(n-1)$ 列目のいずれか 1 列のとき

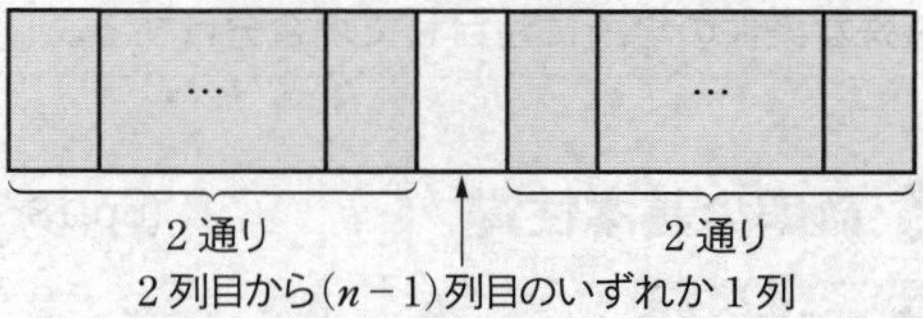

図より，□の選び方は，

$n-1-2+1=n-2$(通り)

■は，$2\times2=4$(通り)

よって，$(n-2)\times4=4(n-2)$(通り)

(i)，(ii)より，$4+4(n-2)=4n-4$(通り)

(4) $n\geqq5$，$k=n-2$ のとき，2 つの列が□になる。

(i)■が 1 つのとき

□は，1 列目と 2 列目の 2 列，$(n-1)$ 列目と n 列目の 2 列，1 列目と n 列目 1 列ずつの 3 通り。

■は 1 つなので，(1)と同様に，2 通り。

よって，$3\times2=6$(通り)

(ii)■が 2 つのとき

□の選び方は，

(a) 1 列目と，3 列目から $(n-1)$ 列目のいずれかが□のとき，

□は，$n-1-3+1=n-3$(通り)

(b) n 列目が□と，2 列目から $(n-2)$ 列目のいずれかが□のとき，

(a)と同様に考えて，□は，$(n-3)$ 通り。

(c)□が 2 つ連続して 2 列目から $(n-1)$ 列目にあるとき，

□は，$(n-1)-1-2+1=n-3$(通り)

(a)～(c)それぞれについて，■は 2 つなので，(2)と同様に考えて，それぞれ 4 通り。

よって，$3(n-3)\times4=12(n-3)$(通り)

(iii)■が 3 つのとき

□が，2 列目から $(n-1)$ 列目までの $(n-2)$ 列から 2 列で，(4)(ii)(c)を除いた場合だから，

${}_{n-2}\mathrm{C}_2-(n-3)=\dfrac{(n-3)(n-4)}{2}$(通り)

■は(3)(ii)のように考えて，$2\times2\times2=8$(通り)

よって，$\dfrac{(n-3)(n-4)}{2}\times8=4(n-3)(n-4)$(通り)

(i)～(iii)より，

$6+12(n-3)+4(n-3)(n-4)$

$=4n^2-16n+18$(通り)

08 確率の基本性質　(pp.18〜19)

☑基礎Check

1 (1) $\dfrac{5}{36}$　(2) $\dfrac{5}{18}$

2 (1) $\dfrac{8}{15}$　(2) $\dfrac{2}{5}$

解説

1 (1)全事象は $6^2 = 36$(通り)
条件を満たすのは，
$(a,\ b) = (1,\ 5),\ (2,\ 4),\ (3,\ 3),\ (4,\ 2),\ (5,\ 1)$
の 5 通りなので，求める確率は，$\dfrac{5}{36}$

(2) 2 以上の 5 つの目から異なる 2 つの目を選び，
大きい順に a，b と振り分ければよい。
よって，$\dfrac{{}_5\mathrm{C}_2}{36} = \dfrac{5}{18}$

2 (1)赤玉 4 個，白玉 2 個はすべて「区別して」考える。
よって，$\dfrac{{}_4\mathrm{C}_1 \times {}_2\mathrm{C}_1}{{}_6\mathrm{C}_2} = \dfrac{8}{15}$

(2) $\dfrac{{}_4\mathrm{C}_2}{{}_6\mathrm{C}_2} = \dfrac{6}{15} = \dfrac{2}{5}$

Point

確率の問題では，同じものでも必ず「区別して」
考える。（**同様の確からしさ**）

1 (1) 9　(2) $\dfrac{13}{14}$

解説

(1)大小いずれか一方が 5 であれば，2 数の積が 5 の倍
数となる。余事象「どちらの目も 5 以外」を考えて，
$p = 1 - \dfrac{5^2}{6^2} = \dfrac{11}{36}$
2 数の和が 5 となるのは，
(大，小) = $(1,\ 4),\ (2,\ 3),\ (3,\ 2),\ (4,\ 1)$
2 数の和が 10 となるのは，
(大，小) = $(4,\ 6),\ (5,\ 5),\ (6,\ 4)$
よって，$q = \dfrac{7}{6^2} = \dfrac{7}{36}$
したがって，$p - q = \dfrac{4}{36}$ より，$\dfrac{1}{p-q} = 9$

(2)余事象「4 個ともに同じ色の玉」を考えると，
$1 - \dfrac{{}_5\mathrm{C}_4}{{}_8\mathrm{C}_4} = 1 - \dfrac{5}{70} = \dfrac{13}{14}$

2 (1) $\dfrac{5}{12}$　(2) $\dfrac{55}{84}$

解説

(1)赤色以外の玉 7 個から 3 個を選べばよいので，
$\dfrac{{}_7\mathrm{C}_3}{{}_9\mathrm{C}_3} = \dfrac{35}{84} = \dfrac{5}{12}$

(2) 1 種類であるのは，${}_3\mathrm{C}_3 + {}_4\mathrm{C}_3 = 1 + 4 = 5$(通り)
3 種類であるのは，${}_2\mathrm{C}_1 \times {}_3\mathrm{C}_1 \times {}_4\mathrm{C}_1 = 24$(通り)
よって，$1 - \dfrac{5 + 24}{{}_9\mathrm{C}_3} = 1 - \dfrac{29}{84} = \dfrac{55}{84}$

3 (1) $\dfrac{7}{8}$　(2) $\dfrac{5}{108}$　(3) $\dfrac{49}{54}$

解説

(1)余事象「いずれの目も奇数である」を考えて，
$1 - \dfrac{3^3}{6^3} = \dfrac{7}{8}$

(2)和が 6 となる 3 つの目の組合せは，
$(1,\ 1,\ 4),\ (1,\ 2,\ 3),\ (2,\ 2,\ 2)$
で，目の振り分けを考慮すると，
$\dfrac{3!}{2!} + 3! + \dfrac{3!}{3!} = 10$(通り)
よって，$\dfrac{10}{6^3} = \dfrac{5}{108}$

(3)余事象「目の和が 6 以下」を考える。
3 つの目の組合せは，
(i)和が 3 である場合は，$(1,\ 1,\ 1)$
(ii)和が 4 である場合は，$(1,\ 1,\ 2)$
(iii)和が 5 である場合は，$(1,\ 1,\ 3),\ (1,\ 2,\ 2)$
(iv)和が 6 である場合は，(2)より 10 通りで，
目の振り分けを考慮すると，
(i) $\dfrac{3!}{3!} = 1$(通り)
(ii) $\dfrac{3!}{2!} = 3$(通り)
(iii) $\dfrac{3!}{2!} + \dfrac{3!}{2!} = 6$(通り)
(iv) 10 通り
(i)〜(iv)より，求める確率は，
$1 - \dfrac{1 + 3 + 6 + 10}{6^3} = \dfrac{196}{216} = \dfrac{49}{54}$

4 $\dfrac{4}{21}$

解説

全事象は $_9C_3 = 84$（通り）

6の倍数となるのは，

3の倍数と偶数を同時に満たすときである。

ここで，1～9の数字を3で割った余りで分けると，

$R_0 = \{3, 6, 9\}$, $R_1 = \{1, 4, 7\}$, $R_2 = \{2, 5, 8\}$

3つの数字の選び方は，

(i) R_0 から3つ選ぶとき

　$3+6+9=18$ より6の倍数となるから1通り。

(ii) R_1 から3つ選ぶとき

　$1+4+7=12$ より6の倍数となるから1通り。

(iii) R_2 から3つ選ぶとき

　$2+5+8=15$ より6の倍数とならない。

(iv) R_0, R_1, R_2 から1つずつ選ぶとき

　（ア）R_0 が偶数，つまり R_0 が6のとき

　　R_1, R_2 はともに偶数またはともに奇数なので，

　　$(R_1, R_2) = (4, 2), (4, 8), (1, 5), (7, 5)$

　　の4通り。

　（イ）R_0 が奇数，つまり R_0 が3または9のとき

　　R_1, R_2 のいずれか一方が偶数，もう一方が奇数

　　なので，

　　$(R_1, R_2) = (4, 5), (1, 2), (1, 8), (7, 2), (7, 8)$

　　の5通り。

　　よって，$5 \times 2 = 10$（通り）

(i)～(iv)より，$1+1+0+4+10=16$（通り）

したがって，求める確率は，$\dfrac{16}{84} = \dfrac{4}{21}$

Point
「和が○の倍数になる確率」という問題は，○の素因数で割った余りで数字を分けると考えやすい。

09 独立な試行の確率と乗法定理 (pp.20～21)

☑ 基礎Check

1 (1) $\dfrac{25}{49}$　(2) $\dfrac{10}{21}$

2 Aの当たる確率…$\dfrac{3}{10}$

　　Bの当たる確率…$\dfrac{3}{10}$

解説

1 (1) 玉を袋に戻すので，2回の試行は独立である。

$$\left(\dfrac{5}{7}\right)^2 = \dfrac{25}{49}$$

(2) 2個目は6個のうち4個残っている赤玉を取り出すことになるので，乗法定理より，

$$\dfrac{5}{7} \times \dfrac{4}{6} = \dfrac{20}{42} = \dfrac{10}{21}$$

2 10本中3本が当たりくじなので，Aの当たる確率は $\dfrac{3}{10}$

Bの当たる確率は，Aが当たりくじを引いた場合とはずれくじを引いた場合とに分けて考えると，

$$\dfrac{3}{10} \times \dfrac{2}{9} + \dfrac{7}{10} \times \dfrac{3}{9} = \dfrac{27}{90} = \dfrac{3}{10}$$

Point
確率の乗法定理
ある試行で，事象 A が起こる確率を $P(A)$，A が起こったときの事象 B が起こる条件付き確率を $P_A(B)$ とするとき，A と B がともに起こる確率 $P(A \cap B)$ は，
$$P(A \cap B) = P(A)P_A(B)$$

1 (1) $\dfrac{25}{81}$　(2) $\dfrac{25}{81}$

解説

(1) 余事象「3回とも異なる番号である」を考えると，

$$1 - \dfrac{_9P_3}{9^3} = 1 - \dfrac{56}{81} = \dfrac{25}{81}$$

(2) 2回とも同じ数字であるか，1回目に取り出した数字の前後の数字（ただし，1の場合は2，9の場合は8）を2回目に取り出せばよいので，

$$\dfrac{_9C_1 + 1 + 2 \times 7 + 1}{9^2} = \dfrac{25}{81}$$

2 (1) $\dfrac{28}{45}$　(2) $\dfrac{17}{45}$

解説

(1) 10本中はずれくじは8本あるので，

$$\dfrac{_8C_2}{_{10}C_2} = \dfrac{28}{45}$$

(2) A君が引いた当たりくじの本数により場合分けを行う。

11

(i) A君が当たりくじを 1 本も引かない場合は，

余事象「B さんも当たりくじを引かない」を考えて，

$$\frac{{}_8C_2}{{}_{10}C_2}\times\left(1-\frac{{}_6C_2}{{}_8C_2}\right)=\frac{28}{45}\times\left(1-\frac{15}{28}\right)=\frac{13}{45}$$

(ii) A君が当たりくじを 1 本引いた場合は，

同じく余事象を考えて，

$$\frac{{}_2C_1\times{}_8C_1}{{}_{10}C_2}\times\left(1-\frac{{}_7C_2}{{}_8C_2}\right)=\frac{16}{45}\times\left(1-\frac{3}{4}\right)=\frac{4}{45}$$

(i)，(ii) より，$\dfrac{13}{45}+\dfrac{4}{45}=\dfrac{17}{45}$

3 (1) $\dfrac{2}{7}$ (2) $\dfrac{5}{14}$

解説

(1) 赤玉を 2 回，白玉を 1 回取り出せばよい。

1 回の操作ごとに玉の個数が 1 個増えることと，引く順序が「白赤赤」，「赤白赤」，「赤赤白」の 3 通りあることに注意すると，

$$\frac{4}{7}\times\frac{3}{8}\times\frac{4}{9}+\frac{3}{7}\times\frac{4}{8}\times\frac{4}{9}+\frac{3}{7}\times\frac{4}{8}\times\frac{4}{9}=\frac{2}{7}$$

(2) 赤玉を 1 回，白玉を 2 回取り出せばよい。

(1) と同様にして，

$$\frac{3}{7}\times\frac{4}{8}\times\frac{5}{9}+\frac{4}{7}\times\frac{3}{8}\times\frac{5}{9}+\frac{4}{7}\times\frac{5}{8}\times\frac{3}{9}=\frac{5}{14}$$

4 (1) $\dfrac{1}{14}$ (2) $\dfrac{2}{7}$

解説

(1) 引いたくじを並べていくと考えると，

$$\frac{{}_6P_4}{{}_{10}P_4}=\frac{1}{14}$$

(2) (1) と同様に，引いたくじを並べていくと考える。

当たりくじを引くのが A，B ともに 1 回目または 2 回目のいずれかとなるので，

$$\frac{2^2\times{}_4P_2\times{}_6P_2}{{}_{10}P_4}=\frac{2}{7}$$

10 反復試行の確率 (pp.22〜23)

☑ 基礎Check

1 (1) $\dfrac{5}{16}$ (2) $\dfrac{125}{3888}$

2 $\dfrac{125}{1944}$

解説

1 (1) 偶数の目が出る確率は，$\dfrac{3}{6}=\dfrac{1}{2}$ なので，

$${}_5C_2\left(\frac{1}{2}\right)^2\left(1-\frac{1}{2}\right)^3=\frac{5}{16}$$

(2) 6 の目が出る確率は $\dfrac{1}{6}$ なので，

$${}_5C_3\left(\frac{1}{6}\right)^3\left(1-\frac{1}{6}\right)^2=\frac{125}{3888}$$

2 4 回目までに 1 の目が 1 回出て，5 回目に 1 の目が出ればよいので，${}_4C_1\left(\dfrac{1}{6}\right)\left(1-\dfrac{1}{6}\right)^3\times\dfrac{1}{6}=\dfrac{125}{1944}$

Point

反復試行の確率

1 回の試行で事象 A が起こる確率を p としたとき，n 回の試行で事象 A がちょうど r 回起こる確率は，${}_nC_rp^r(1-p)^{n-r}$

1 (1)① $\dfrac{5}{16}$ ② $\dfrac{3}{16}$

(2)① $\dfrac{72}{625}$ ② $\dfrac{992}{3125}$

解説

(1)① 表が 3 回出る確率は，${}_5C_3\left(\dfrac{1}{2}\right)^3\left(\dfrac{1}{2}\right)^2=\dfrac{5}{16}$

② 4 回目までに二度表が出て，5 回目に表が出ればよいので，${}_4C_2\left(\dfrac{1}{2}\right)^2\left(\dfrac{1}{2}\right)^2\times\dfrac{1}{2}=\dfrac{3}{16}$

(2)① 3 戦目までに A が 2 回勝ち，4 戦目で A が勝てばよいので，${}_3C_2\left(\dfrac{2}{5}\right)^2\left(1-\dfrac{2}{5}\right)\times\dfrac{2}{5}=\dfrac{72}{5^4}=\dfrac{72}{625}$

② A が 3 戦目で優勝する確率は，$\left(\dfrac{2}{5}\right)^3=\dfrac{8}{5^3}$

A が 5 戦目で優勝する確率は，

$${}_4C_2\left(\frac{2}{5}\right)^2\left(1-\frac{2}{5}\right)^2\times\frac{2}{5}=\frac{432}{5^5}$$

6 戦以上して A が優勝することはないので，A が優勝する確率は，$\dfrac{8}{5^3}+\dfrac{72}{5^4}+\dfrac{432}{5^5}=\dfrac{992}{3125}$

2 (1) $\dfrac{5}{21}$ (2) $\dfrac{8}{81}$

解説

(1) 3 個取り出して並べたとき，青が 1 個も含まれない確率は，$\dfrac{{}_6P_3}{{}_9P_3}=\dfrac{5}{21}$

(2) 4回目までに青を2個取り出し，5回目に青を取り出せばよい。取り出した玉はそのたびに箱に戻すことに注意すると，

$$_4\mathrm{C}_2\left(\frac{3}{9}\right)^2\left(\frac{6}{9}\right)^2\times\frac{3}{9}=\frac{8}{81}$$

3 (1) $\dfrac{11}{27}$ (2) $\dfrac{4}{9}$

解説

(1) 赤玉が3回出る前に白玉が2回出ればよい。

赤玉が出る回数が0回，1回，2回の場合に分けて，

$$\left(\frac{1}{3}\right)^2+{}_2\mathrm{C}_1\left(\frac{2}{3}\right)\left(\frac{1}{3}\right)\times\frac{1}{3}+{}_3\mathrm{C}_2\left(\frac{2}{3}\right)^2\left(\frac{1}{3}\right)\times\frac{1}{3}=\frac{11}{27}$$

(2) 「赤玉が3回出る」または「2回目までに赤玉と白玉が1回ずつ出て3回目に白玉が出る」場合なので，

$$\left(\frac{2}{3}\right)^3+{}_2\mathrm{C}_1\left(\frac{2}{3}\right)\left(\frac{1}{3}\right)\times\frac{1}{3}=\frac{4}{9}$$

4 $X=1$ となる確率$\cdots\dfrac{5}{64}$

$\quad\quad$ $X=3$ となる確率$\cdots\dfrac{25}{128}$

解説

ルールより，1回の試行で得る得点についての確率は，

0点の場合，$\dfrac{1}{2}\times1=\dfrac{1}{2}$

1点の場合，$\dfrac{1}{2}\times\dfrac{1}{2}=\dfrac{1}{4}$

2点の場合，$\dfrac{1}{2}\times\dfrac{1}{2}=\dfrac{1}{4}$

$X=1$ となるのは「4回0点，1回1点」となる場合なので，

$$_5\mathrm{C}_4\left(\frac{1}{2}\right)^4\left(\frac{1}{4}\right)=\frac{5}{64}$$

$X=3$ となるのは「1点3回，0点2回」または「2点1回，1点1回，0点3回」となる場合なので，

$$_5\mathrm{C}_3\left(\frac{1}{4}\right)^3\left(\frac{1}{2}\right)^2+\frac{5!}{1!1!3!}\left(\frac{1}{4}\right)\left(\frac{1}{4}\right)\left(\frac{1}{2}\right)^3=\frac{5}{128}+\frac{5}{32}=\frac{25}{128}$$

11 最大・最小と確率 (pp.24〜25)

☑ 基礎Check

1 (1) $\dfrac{8}{27}$ (2) $\dfrac{37}{216}$

2 $\dfrac{4(n-4)(n-5)}{n(n-1)(n-2)}$

解説

1 (1) すべての目が4以下であればよいので，

$$\left(\frac{4}{6}\right)^3=\frac{8}{27}$$

(2) (1)の確率から，すべての目が3以下である確率を除けばよいので，

$$\frac{8}{27}-\left(\frac{3}{6}\right)^3=\frac{37}{216}$$

2 最小の数3と3より大きい $(n-3)$ 個の数から3つの数を選べばよいので，

$$\frac{1\times{}_{n-3}\mathrm{C}_3}{{}_n\mathrm{C}_4}$$

$$=\frac{(n-3)(n-4)(n-5)}{3!}\times\frac{4!}{n(n-1)(n-2)(n-3)}$$

$$=\frac{4(n-4)(n-5)}{n(n-1)(n-2)}$$

1 (1) $\dfrac{1}{6}$ (2) $\dfrac{5}{12}$ (3) 3

解説

(1) 最大値7と6以下の6つの数から1つ選べばよいので，

$$\frac{1\times{}_6\mathrm{C}_1}{{}_9\mathrm{C}_2}=\frac{6}{36}=\frac{1}{6}$$

(2) 7以下の数から3つ選べばよいので，

$$\frac{{}_7\mathrm{C}_3}{{}_9\mathrm{C}_3}=\frac{35}{84}=\frac{5}{12}$$

(3) $k=8,9$ のとき最大値は7にならないので $p_k=0$

よって，$1\leqq k\leqq7$ で考えればよい。

最大値7と6以下の6つの数から $(k-1)$ 個選べばよいので，

$$p_k=\frac{1\times{}_6\mathrm{C}_{k-1}}{{}_9\mathrm{C}_k}=\frac{6!}{(7-k)!(k-1)!}\times\frac{(9-k)!k!}{9!}$$

$$=\frac{(9-k)(8-k)k}{504}\ (1\leqq k\leqq7)$$

$1\leqq k\leqq6$ に対して，

$$\frac{p_{k+1}}{p_k}=\frac{(8-k)(7-k)(k+1)}{(9-k)(8-k)k}\geqq1$$ を解くと，

$$k\leqq\frac{7}{3}=2.3\cdots$$

$1\leqq k\leqq2$ のとき $p_k<p_{k+1}$

$3\leqq k\leqq6$ のとき $p_k>p_{k+1}$

となるので，

$$p_1<p_2<p_3>p_4\cdots>p_7$$

よって，$k=3$

> **Point**
>
> 確率を最大とする k を求めるには，$\dfrac{p_{k+1}}{p_k}$ と 1 と
> を比較して，p_{k+1} と p_k との大小を判断する。

2 (1) $p_n = \dfrac{(n+6)!}{n!6!} \cdot \dfrac{2^n}{3^{n+7}}$ (2) $n = 11,\ 12$

解説

(1) A が原点から $(7,\ n)$ に到達するのは，$(n+6)$ 回目の移動で $(6,\ n)$ に到達し，$(n+7)$ 回目の移動で x 軸方向に $+1$ 進み，$(7,\ n)$ に到達するときである。

$(n+6)$ 回目の移動で $(6,\ n)$ に到達するには，$(n+6)$ 回の反復試行のうち，6 回 x 軸方向に進み，n 回 y 軸方向に進む必要がある。

よって，求める確率は，

$$p_n = {}_{n+6}\mathrm{C}_n \left(\dfrac{1}{3}\right)^6 \left(\dfrac{2}{3}\right)^n \times \dfrac{1}{3} = \dfrac{(n+6)!}{n!6!} \cdot \dfrac{2^n}{3^{n+7}}$$

(2) $\dfrac{p_{n+1}}{p_n} = \dfrac{(n+7)! \cdot 2^{n+1}}{(n+1)!6! \cdot 3^{n+8}} \times \dfrac{n!6! \cdot 3^{n+7}}{(n+6)! \cdot 2^n} = \dfrac{2(n+7)}{3(n+1)} \geqq 1$

を解くと，$n \leqq 11$

$0 \leqq n \leqq 10$ のとき，$p_n < p_{n+1}$

$n = 11$ のとき，$p_n = p_{n+1}$

$n \geqq 12$ のとき，$p_n > p_{n+1}$

となるので，

$p_0 < p_1 < p_2 < \cdots < p_{11} = p_{12} > p_{13} > p_{14} > \cdots$

よって，p_n は $n = 11,\ 12$ のとき最大となる。

3 (1) $\dfrac{1}{55}$ (2) $\dfrac{51}{220}$

解説

(1) 5，6，7，8 の 4 枚の中から 3 枚選べばよいので，

$$\dfrac{{}_4\mathrm{C}_3}{{}_{12}\mathrm{C}_3} = \dfrac{1}{55}$$

(2) 余事象「m が 3 以上または M が 9 以下」を考える。

(i) m が 3 以上である場合，${}_{10}\mathrm{C}_3 = 120$（通り）

(ii) M が 9 以下である場合，${}_9\mathrm{C}_3 = 84$（通り）

(iii) m が 3 以上かつ M が 9 以下である場合，

${}_7\mathrm{C}_3 = 35$（通り）

(i)～(iii) より，求める確率は，

$$1 - \dfrac{120 + 84 - 35}{{}_{12}\mathrm{C}_3} = \dfrac{51}{220}$$

4 $X = 5$ となる確率 $\cdots \dfrac{5}{128}$

$X = 4$ となる確率 $\cdots \dfrac{3}{32}$

$X = 3$ となる確率 $\cdots \dfrac{27}{128}$

解説

☆を表でも裏でもよいとする。

$X = 5$ となるのは

表表表表表裏☆，裏表表表表裏，☆裏表表表表

のいずれかなので，$\left(\dfrac{1}{2}\right)^6 + \left(\dfrac{1}{2}\right)^7 + \left(\dfrac{1}{2}\right)^6 = \dfrac{5}{128}$

$X = 4$ となるのは

表表表表裏☆☆，裏表表表表裏☆，☆裏表表表表裏，

☆☆裏表表表表のいずれかなので，

$$\left(\dfrac{1}{2}\right)^5 + \left(\dfrac{1}{2}\right)^6 + \left(\dfrac{1}{2}\right)^6 + \left(\dfrac{1}{2}\right)^5 = \dfrac{3}{32}$$

$X = 3$ となるのは

表表表裏☆☆☆，裏表表表裏☆☆，☆裏表表表裏☆，

☆☆裏表表表裏，★★★裏表表表（ただし，★★★は表表表を除く）のいずれかなので，

$$\left(\dfrac{1}{2}\right)^4 + \left(\dfrac{1}{2}\right)^5 + \left(\dfrac{1}{2}\right)^5 + \left(\dfrac{1}{2}\right)^5 + \left\{\left(\dfrac{1}{2}\right)^4 - \left(\dfrac{1}{2}\right)^7\right\} = \dfrac{27}{128}$$

12 いろいろな確率と期待値 (pp.26～27)

> ☑ 基礎Check

1 (1) $\dfrac{3}{5}$ (2) $\dfrac{1}{5}$

2 (1) $\dfrac{1}{3}$ (2) $\dfrac{1}{3}$

解説

1 (1) 一の位が奇数であればよいので，

$$\dfrac{3 \times {}_4\mathrm{P}_2}{{}_5\mathrm{P}_3} = \dfrac{3}{5}$$

(2) 末尾の 2 桁が 4 の倍数，つまり 12，24，32，52 のいずれかであればよいので，$\dfrac{4 \times {}_3\mathrm{P}_1}{{}_5\mathrm{P}_3} = \dfrac{1}{5}$

2 (1) 3 人とも同じ手を出すか，3 種類の手が出たときに引き分けになるので，

$$\dfrac{3 + 3!}{3^3} = \dfrac{1}{3}$$

(2) 負ける 1 人を決め，どの手で負けるかを決めると，残り 2 人の手も決まるので，

$$\dfrac{{}_3\mathrm{C}_1 \times 3}{3^3} = \dfrac{1}{3}$$

1 (1) $\dfrac{1}{24}$ (2) $\dfrac{19}{27}$ (3) $\dfrac{5}{8}$

(解説)

(1) 3 つの目の組合せは $(1,\ 1,\ 2)$, $(1,\ 1,\ 3)$, $(1,\ 1,\ 5)$ の 3 組なので, 出る順番も考慮すると,

$$\dfrac{3 \times 3}{6^3} = \dfrac{1}{24}$$

(2) 少なくとも 1 つが, 3 または 6 であればよいので, 余事象「3 と 6 が一度も出ない」を考えて,

$$1 - \left(\dfrac{4}{6}\right)^3 = 1 - \dfrac{8}{27} = \dfrac{19}{27}$$

(3) 4 の倍数とならないのは,「3 回とも奇数の目」または「奇数が 2 回と 2 または 6」の場合なので,

$$1 - \left\{\left(\dfrac{3}{6}\right)^3 + {}_3C_2\left(\dfrac{3}{6}\right)^2 \times \dfrac{2}{6}\right\} = 1 - \left(\dfrac{1}{8} + \dfrac{1}{4}\right) = \dfrac{5}{8}$$

2 (1) $\dfrac{5}{27}$ (2) $\dfrac{3^n - n - 1}{3^n}$

(解説)

(1) 3 人がジャンケンをして,

1 人だけ勝つ確率は, $\dfrac{{}_3C_1 \times 3}{3^3} = \dfrac{1}{3}$

2 人が勝つ確率は, $\dfrac{{}_3C_2 \times 3}{3^3} = \dfrac{1}{3}$

引き分ける確率は, $\dfrac{3 + 3!}{3^3} = \dfrac{1}{3}$

2 人がジャンケンをして,

勝負がつく確率は, $\dfrac{{}_2C_1 \times 3}{3^2} = \dfrac{2}{3}$

引き分ける確率は, $\dfrac{3}{3^2} = \dfrac{1}{3}$

人数の変化を考えると,

3 人→3 人→3 人→1 人, 3 人→3 人→2 人→1 人, 3 人→2 人→2 人→1 人の場合が考えられるので,

$$\left(\dfrac{1}{3}\right)^2 \times \dfrac{1}{3} + \dfrac{1}{3} \times \dfrac{1}{3} \times \dfrac{2}{3} + \dfrac{1}{3} \times \dfrac{1}{3} \times \dfrac{2}{3} = \dfrac{5}{27}$$

(2) 余事象「n 回で勝者が決まらない」を考える。

(i) n 回目で 3 人とも残っている場合

n 回すべてで 3 人が引き分ける確率なので, $\left(\dfrac{1}{3}\right)^n$

(ii) n 回目で 2 人が残っている場合

3 人のジャンケンで 2 人が勝ち残る確率は, $\dfrac{1}{3}$

2 人のジャンケンで引き分ける確率は, $\dfrac{1}{3}$

よって, n 回目までのどこかで 1 人が脱落する確率は,

$$\dfrac{1}{3} \times \left(\dfrac{1}{3}\right)^{n-1} \times n = \dfrac{n}{3^n}$$

(i), (ii) より, n 回で勝者が決まらない確率は,

$$\left(\dfrac{1}{3}\right)^n + \dfrac{n}{3^n} = \dfrac{n+1}{3^n}$$

よって, $1 - \dfrac{n+1}{3^n} = \dfrac{3^n - n - 1}{3^n}$

3 (1) $\dfrac{3}{10}$ (2) $\dfrac{6}{25}$ (3) 4

(解説)

(1) $s_1 = 1$ となるのは, 0 と 1 の玉を 1 つずつ取り出したときなので, $\dfrac{{}_1C_1 \times {}_3C_1}{{}_5C_2} = \dfrac{3}{10}$

(2) 得点が 2 になるのは, $(s_1,\ s_2) = (1,\ 2)$, $(2,\ 1)$ のときである。

(1) より, $s_1 = 1$, $s_2 = 1$ のとき, $\dfrac{3}{10}$

$s_1 = 2$, $s_2 = 2$ となるのは, それぞれ 0 と 2 の玉を 1 つずつ, あるいは 1 の玉を 2 個取り出したときなので, $\dfrac{{}_1C_1 \times {}_1C_1}{{}_5C_2} + \dfrac{{}_3C_2}{{}_5C_2} = \dfrac{2}{5}$

したがって, 求める確率は,

$$\dfrac{3}{10} \times \dfrac{2}{5} + \dfrac{2}{5} \times \dfrac{3}{10} = \dfrac{6}{25}$$

(3) $s_1 = 3$, $s_2 = 3$ となるのは, それぞれ 1 と 2 の玉を 1 つずつ取り出したときなので, $\dfrac{{}_3C_1 \times {}_1C_1}{{}_5C_2} = \dfrac{3}{10}$

s_1 の確率分布表は次のようになる。

s_1	1	2	3
確率	$\dfrac{3}{10}$	$\dfrac{2}{5}$	$\dfrac{3}{10}$

s_1 の期待値は, $1 \times \dfrac{3}{10} + 2 \times \dfrac{2}{5} + 3 \times \dfrac{3}{10} = 2$

s_2 の期待値も同様に 2 となる。

s_1 と s_2 は独立なので, 求める期待値は, $2 \times 2 = 4$

Point

期待値

確率変数 $X = x_n$ に対し, $X = x_k\ (1 \leq k \leq n)$ となる確率が p_k のとき, その期待値は

$$x_1 p_1 + x_2 p_2 + \cdots + x_n p_n$$

15

4 (1) $\dfrac{1}{9}$ (2) $\dfrac{10}{27}$ (3) $\dfrac{10}{27}$ (4) $\dfrac{16}{27}$

(5) $\dfrac{(n+1)(n+2)}{2\cdot 3^n}$

解説

X_1, X_2, X_3 は 1, 2, 3 のいずれかの番号なので，
$n=3$ のとき，全事象は $3^3=27$(通り)

(1)$X_1=X_2<X_3$ となるのは，

$(X_1,\ X_2,\ X_3)=(1,\ 1,\ 2),\ (1,\ 1,\ 3),\ (2,\ 2,\ 3)$

よって，$\dfrac{3}{27}=\dfrac{1}{9}$

(2)$X_1\leqq X_2\leqq X_3$ となるのは，

$(X_1,\ X_2,\ X_3)=(1,\ 1,\ 1),\ (1,\ 1,\ 2),\ (1,\ 1,\ 3),$

$(1,\ 2,\ 2),\ (1,\ 2,\ 3),\ (1,\ 3,\ 3),\ (2,\ 2,\ 2),$

$(2,\ 2,\ 3),\ (2,\ 3,\ 3),\ (3,\ 3,\ 3)$

よって，$\dfrac{10}{27}$

(3)$Y_3=0$ のときは $X_1\geqq X_2\geqq X_3$ で，

$(X_1,\ X_2,\ X_3)$ は，$X_1\leqq X_2\leqq X_3$ となる

$(X_1,\ X_2,\ X_3)$ の X_1 と X_3 を入れ替えたものとな

る。

よって，$X_1\leqq X_2\leqq X_3$ となる確率と等しいので，

(2)より，$\dfrac{10}{27}$

(4)$n=3$ のとき $1\leqq k\leqq 3-1=2$ より，$k=1$ または

2 である。

よって，Y_3 は 0, 1, 2 のいずれかとなる。

$Y_3=1$ である確率は，余事象「$Y_3=0$, $Y_3=2$」を

考えて，

$Y_3=2$ のとき $X_1<X_2<X_3$ となるのは，

$(X_1,\ X_2,\ X_3)=(1,\ 2,\ 3)$

よって，$Y_3=2$ である確率は $\dfrac{1}{27}$

したがって，$Y_3=1$ である確率は(3)より，

$1-\left(\dfrac{10}{27}+\dfrac{1}{27}\right)=\dfrac{16}{27}$

(5)n 回試行を行ったとき，全事象は 3^n 通り。

$Y_n=0$ となるとき，$X_1\geqq X_2\cdots \geqq X_n$ なので，こ

れを満たす $(X_1,\ X_2,\ \cdots,\ X_n)$ の個数を考える。

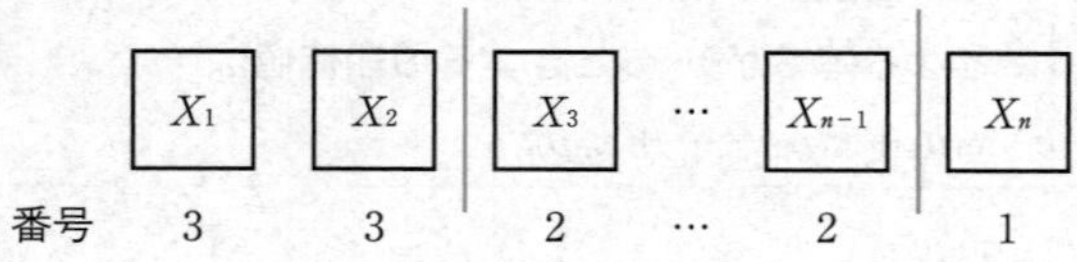

	X_1	X_2		X_3	$\cdots$	X_{n-1}		X_n
番号	3	3		2	$\cdots$	2		1

図のように n 個の □ を並べ，両端を含む $(n+1)$ か
所の間のいずれか 2 か所に 2 つの仕切りを入れ，区
切られた □ が順に 3, 2, 1 の番号になると考える。
2 つの仕切りは同じか所に入れてもよい。図では，
$X_1=X_2=3$, $X_3=\cdots =X_{n-1}=2$, $X_n=1$ となる。
n 個の □ と 2 つの仕切りより，$(n+2)$ か所から 2
か所を選ぶと考えて，

$_{n+2}\mathrm{C}_2=\dfrac{(n+2)(n+1)}{2}$(個)

よって，求める確率は，

$\dfrac{(n+1)(n+2)}{2\cdot 3^n}$

別解

$Y_n=0$ となるときの個数を，□ が n 個，仕切りが
2 個の同じものをふくむ順列と考えて，

$\dfrac{(n+2)!}{n!2!}=\dfrac{(n+2)(n+1)}{2}$(個)

第2章 図形の性質

13 角の二等分線・内接円 (pp.28〜29)

☑ 基礎Check

1 $BD = \dfrac{16}{5}$, $CD = \dfrac{24}{5}$

2 2

解説

1 角の二等分線の定理より,

$BD : CD = 4 : 6 = 2 : 3$

よって, $BD = \dfrac{2}{2+3}BC = \dfrac{16}{5}$

$CD = \dfrac{3}{2+3}BC = \dfrac{24}{5}$

2 ∠B が直角なので, $\triangle ABC = \dfrac{1}{2} \cdot 6 \cdot 8 = 24$

$\triangle ABC$ の内接円の半径を r とすると,

$\triangle ABC = \dfrac{1}{2}r(6+8+10) = 12r$

$12r = 24$ より, $r = 2$

Point

$\triangle ABC$ の面積を S,
内接円の半径を r と
すると,

$S = \dfrac{1}{2}r(AB + BC + CA)$

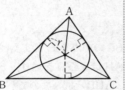

1 (1) $\dfrac{12}{5}$ (2) 8 (3) $3\sqrt{10}$

解説

(1) 角の二等分線の定理より, $BD : DC = 3 : 2$

$BD = \dfrac{3}{3+2}BC = \dfrac{12}{5}$

(2) 外角の二等分線の定理より, $BE : EC = 3 : 2$

$CE = x$ とおくと, $(4+x) : x = 3 : 2$

よって, $x = 8$

(3) $\triangle ABC$ で余弦定理より,

$\cos B = \dfrac{3^2 + 4^2 - 2^2}{2 \cdot 3 \cdot 4} = \dfrac{7}{8}$

$\triangle ABE$ で余弦定理より,

$AE^2 = 3^2 + 12^2 - 2 \cdot 3 \cdot 12 \cdot \dfrac{7}{8} = 90$

$AE > 0$ より, $AE = \sqrt{90} = 3\sqrt{10}$

Point

外角の二等分線と線分の比

$\triangle ABC$ について, ∠A の
外角の二等分線と直線BC
の交点を D とすると

$BD : DC = AB : AC$

余弦定理(数学Iで学習)

$\triangle ABC$ について,

$\cos A = \dfrac{AB^2 + AC^2 - BC^2}{2 \cdot AB \cdot AC}$

$\cos B = \dfrac{AB^2 + BC^2 - AC^2}{2 \cdot AB \cdot BC}$

$\cos C = \dfrac{AC^2 + BC^2 - AB^2}{2 \cdot AC \cdot BC}$

2 (1) $2\sqrt{14}$ (2) $BP = \dfrac{5}{3}$, $AP = \dfrac{4\sqrt{7}}{3}$

(3) $\dfrac{2\sqrt{14}}{7}$

解説

(1) 余弦定理より,

$\cos B = \dfrac{3^2 + 5^2 - 6^2}{2 \cdot 3 \cdot 5} = -\dfrac{1}{15}$

$\sin B > 0$ より,

$\sin B = \sqrt{1 - \left(-\dfrac{1}{15}\right)^2} = \dfrac{4\sqrt{14}}{15}$

よって, $\triangle ABC = \dfrac{1}{2} \cdot 3 \cdot 5 \cdot \dfrac{4\sqrt{14}}{15} = 2\sqrt{14}$

(2) 角の二等分線の定理より, $BP : PC = 1 : 2$

$BP = \dfrac{1}{1+2}BC = \dfrac{5}{3}$

余弦定理より,

$AP^2 = 3^2 + \left(\dfrac{5}{3}\right)^2 - 2 \cdot 3 \cdot \dfrac{5}{3} \cdot \left(-\dfrac{1}{15}\right) = \dfrac{112}{9}$

$AP > 0$ より, $AP = \dfrac{4\sqrt{7}}{3}$

(3) $\triangle ABC$ の内接円の半径を r とすると,

$\triangle ABC = \dfrac{1}{2}r(3+5+6) = 2\sqrt{14}$ より,

$r = \dfrac{2\sqrt{14}}{7}$

Point

$\triangle ABC$ の面積(数学Iで学習)

$\dfrac{1}{2}ab\sin\theta$

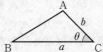

3 (1) $-\dfrac{5}{13}$ (2) $\dfrac{12}{13}$ (3) 66 (4) 3 (5) $\dfrac{26}{3}$

     (6) $\dfrac{88}{3}$

解説

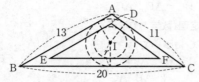

(1)△ABC で，余弦定理より，

$$\cos A = \frac{13^2 + 11^2 - 20^2}{2 \cdot 13 \cdot 11} = -\frac{5}{13}$$

(2) (1)と $\sin A > 0$ より，

$$\sin A = \sqrt{1 - \left(-\frac{5}{13}\right)^2} = \frac{12}{13}$$

(3)△ABC $= \dfrac{1}{2} \cdot 11 \cdot 13 \cdot \dfrac{12}{13} = 66$

(4)△ABC の内接円の半径を r とおくと，

$$\triangle\text{ABC} = \frac{1}{2}r(11 + 13 + 20) = 66$$

よって，$r = 3$

(5)△ABC の内心を I とする。I を中心とする半径 2 の
円は △DEF の内接円となる。

ここで，AB∥DE，BC∥EF，CA∥FD より，
△ABC∽△DEF

相似比と内接円の半径の比は一致するので，
△ABC と △DEF の相似比は $3:2$ となる。

よって，AB：DE $= 3:2$ より，DE $= \dfrac{2}{3} \cdot 13 = \dfrac{26}{3}$

(6)△DEF $= \left(\dfrac{2}{3}\right)^2 \cdot 66 = \dfrac{88}{3}$

14 三角形の重心・外心・内心・垂心 (pp.30〜31)

☑ 基礎Check

1 (1) $115°$ (2) $100°$ (3) $130°$

2 $x = 6$, $y = 3$

解説

1 (1)$\angle x = 90° + \dfrac{50°}{2} = 115°$

    (2)$\angle x = 2 \times 50° = 100°$

    (3)$\angle x = 180° - 50° = 130°$

2 点 G は重心なので，BE は中線，つまり点 E は辺
    AC の中点となっているので，$x = 6$

重心 G は中線を頂点のほうから $2:1$ に内分する
ので，AG：GD $= 6 : y = 2 : 1$ より，$y = 3$

Point

△ABC において，I を**内心**，O を**外心**，H を**垂
心**とするとき，

$\angle\text{BIC} = 90° + \dfrac{1}{2}\angle\text{A}$ $\angle\text{BOC} = 2\angle\text{A}$

$\angle\text{BHC} = 180° - \angle\text{A}$

1 $\angle\text{ACO} = 25°$, $\angle\text{BOC} = 120°$

解説

O は内心なので，

$\angle\text{CBO} = \angle\text{ABO} = 35°$ より，

$\angle\text{C} = 180° - (60° + 35° \times 2) = 50°$

$\angle\text{ACO} = \dfrac{1}{2}\angle\text{C} = 25°$

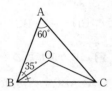

また，$\angle\text{BOC} = 90° + \dfrac{1}{2}\angle\text{A} = 120°$

2 $\dfrac{\sqrt{2}}{6}$

解説

BC の中点を H とすると，

AH は重心 G を通り，

$\angle\text{AHB} = 90°$ なので，

$\text{AH} = \sqrt{3^2 - 1^2} = 2\sqrt{2}$

よって，

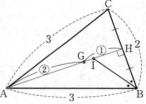

$\text{AG} = \dfrac{2}{3}\text{AH} = \dfrac{4\sqrt{2}}{3}$

また，AH は∠A の二等分線なので，内心 I を通り，
BI も∠B の二等分線であることから，

AI：IH $=$ BA：BH $= 3 : 1$

$\text{AI} = \dfrac{3}{3+1}\text{AH} = \dfrac{3\sqrt{2}}{2}$

よって，$\text{GI} = \dfrac{3\sqrt{2}}{2} - \dfrac{4\sqrt{2}}{3} = \dfrac{\sqrt{2}}{6}$

3 $\dfrac{\sqrt{39}}{3}$

解説

I は内心なので，

$\angle\text{DIC} = \angle\text{IAC} + \angle\text{ICA}$

      $= \angle\text{IAB} + \angle\text{ICB}$

      $= \angle\text{DCB} + \angle\text{ICB} = \angle\text{DCI}$

よって，△DIC は二等辺三角形なので，DI＝DC
また，余弦定理より，
$BC^2＝3^2＋4^2－2\cdot3\cdot4\cos60°＝13$ よって，$BC＝\sqrt{13}$
外接円の半径を R とすると，正弦定理より，
$$\frac{\sqrt{13}}{\sin60°}＝2R \quad R＝\frac{\sqrt{39}}{3}$$
この外接円は，△ADC の外接円でもあるので，
$$\frac{DC}{\sin30°}＝\frac{2\sqrt{39}}{3}$$ より，$DI＝DC＝\frac{\sqrt{39}}{3}$

Point

正弦定理（数学 I で学習）

△ABC の外接円の半径を R とすると，
$$\frac{BC}{\sin A}＝\frac{AC}{\sin B}＝\frac{AB}{\sin C}＝2R$$

4 (1) H は垂心なので，CH⊥AB
　　　AD は外接円の直径なので，DB⊥AB
　　　よって，CH∥DB
　　　同様に，BH⊥AC，DC⊥AC なので，
　　　BH∥DC
　　　2 組の対辺が平行になるので，
　　　四角形 HBDC は平行四辺形である。
　　(2) (1)より，E は HD の中点であり，O は
　　　AD の中点なので，△ADH で中点連結
　　　定理より，AH＝2OE

15 メネラウスの定理・チェバの定理 (pp.32～33)

☑ 基礎Check

1 (1) 4：3　(2) 16：33
2 (1) 5：3　(2) 2：1

解説

1 (1)△ADF で，メネラウスの定理より，
$$\frac{DE}{EF}\cdot\frac{FC}{CA}\cdot\frac{AB}{BD}＝1 \quad \frac{DE}{EF}\cdot\frac{3}{7}\cdot\frac{7}{4}＝1$$
　　　DE：EF＝4：3
　　(2)△ABC で，メネラウスの定理より，
$$\frac{BE}{EC}\cdot\frac{CF}{FA}\cdot\frac{AD}{DB}＝1 \quad \frac{BE}{EC}\cdot\frac{3}{4}\cdot\frac{11}{4}＝1$$
　　　BE：EC＝16：33
2 (1)△ABC で，チェバの定理より，
$$\frac{AE}{EC}\cdot\frac{CD}{DB}\cdot\frac{BF}{FA}＝1 \quad \frac{AE}{EC}\cdot\frac{1}{5}\cdot\frac{3}{1}＝1$$
　　　AE：EC＝5：3

(2)△ABD で，メネラウスの定理より，
$$\frac{AP}{PD}\cdot\frac{DC}{CB}\cdot\frac{BF}{FA}＝1 \quad \frac{AP}{PD}\cdot\frac{1}{6}\cdot\frac{3}{1}＝1$$
AP：PD＝2：1

1 (1) 3：1　(2) 9：4　(3) 1：16

解説

(1)△ABE で，メネラウスの定理より，
$$\frac{BF}{FE}\cdot\frac{EC}{CA}\cdot\frac{AD}{DB}＝1 \quad \frac{BF}{FE}\cdot\frac{1}{4}\cdot\frac{4}{3}＝1$$
BF：FE＝3：1
(2)△ABC で，チェバの定理より，
$$\frac{BG}{GC}\cdot\frac{CE}{EA}\cdot\frac{AD}{DB}＝1 \quad \frac{BG}{GC}\cdot\frac{1}{3}\cdot\frac{4}{3}＝1$$
BG：GC＝9：4
(3)△EFC＝$\frac{1}{4}$△BCE＝$\frac{1}{4}\cdot\frac{1}{4}$△ABC＝$\frac{1}{16}$△ABC
△EFC：△ABC＝1：16

2 $\dfrac{2x^2}{2-x}$

解説

$AR＝y$ とおくと，△ABC で，メネラウスの定理より，
$$\frac{AR}{RB}\cdot\frac{BP}{PC}\cdot\frac{CQ}{QA}＝1 \quad \frac{y}{2-y}\cdot\frac{2+x}{x}\cdot\frac{1-x}{x}＝1$$
$(2-x-x^2)y＝-x^2y+2x^2 \quad (2-x)y＝2x^2$
$0\leqq x\leqq1$ より，$x\neq2$
よって，$y＝\dfrac{2x^2}{2-x}$

3 $\dfrac{5}{12}$

解説

△ACD で，メネラウスの定理
より，
$$\frac{AE}{EC}\cdot\frac{CF}{FD}\cdot\frac{DB}{BA}＝1$$
$$\frac{2}{1}\cdot\frac{CF}{FD}\cdot\frac{1}{2}＝1$$
CF：FD＝1：1
△ABC の面積を S とおく。

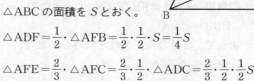

$△ADF＝\frac{1}{2}\cdot△AFB＝\frac{1}{2}\cdot\frac{1}{2}\cdot S＝\frac{1}{4}S$

$△AFE＝\frac{2}{3}\cdot△AFC＝\frac{2}{3}\cdot\frac{1}{2}\cdot△ADC＝\frac{2}{3}\cdot\frac{1}{2}\cdot\frac{1}{2}S$
$＝\frac{1}{6}S$

19

よって、

四角形ADFE $= \triangle$ADF $+ \triangle$AFE $= \dfrac{1}{4}S + \dfrac{1}{6}S = \dfrac{5}{12}S$

つまり、四角形 ADFE は $\triangle$ABC の $\dfrac{5}{12}$ 倍。

4 19 : 3

解説

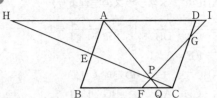

図のように CE、FG の延長と直線 AD との交点をそれぞれ H、I とすると、

DI $\parallel$ FC より、$\triangle$DIG ∞ $\triangle$CFG なので、

DI : CF = DG : CG = 1 : 3

DI $= \dfrac{1}{3}$FC $= \dfrac{1}{3} \cdot \dfrac{1}{3}$BC $= \dfrac{1}{9}$AD

また、HA $\parallel$ BC より、$\triangle$AHE $\equiv$ $\triangle$BCE なので、

AH = BC = AD

さらに、$\triangle$AHP ∞ $\triangle$QCP より、

HP : CP = AP : QP

よって、$\triangle$HCD で、メネラウスの定理より、

$\dfrac{\text{HP}}{\text{PC}} \cdot \dfrac{\text{CG}}{\text{GD}} \cdot \dfrac{\text{DI}}{\text{IH}} = 1$

$\dfrac{\text{AP}}{\text{PQ}} \cdot \dfrac{3}{1} \cdot \dfrac{\frac{1}{9}\text{AD}}{\frac{19}{9}\text{AD}} = 1$

AP : PQ = 19 : 3

16 円の性質 ①

基礎Check

1 (1) 28° (2) 58°

2 $\triangle$PBD と $\triangle$PCA において、

∠BPD = ∠CPA(共通)

四角形 ACDB は円に内接しているので、

∠PDB = ∠PAC

よって、2 組の角がそれぞれ等しいので、

$\triangle$PBD ∞ $\triangle$PCA

したがって、PB : PD = PC : PA より、

PA・PB = PC・PD である。

解説

1 (1)線分 CB と円との交点を E とすると、接線と弦の作る角より、

∠CEA = ∠CAD = 62°

CE は直径なので、∠CAE = 90°

よって、∠BCA = 180° − (62° + 90°) = 28°

(2)∠CAD = x とおくと、(1)と同様に考えて、

∠BCA = 90° − x となるので、

$x = (90° − x) + 26°$ $x = 58°$

Point

接線と弦の作る角

右の図で、円が点 A で

AT と接しているとき、

∠ACB = ∠BAT

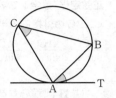

1 (1) 6 (2) $27\sin\theta$

解説

(1)方べきの定理より、

AB^2 = BD・BC = 4・9 = 36

AB > 0 より、AB = 6

(2)$\triangle$ABC $= \dfrac{1}{2} \cdot$ BA・BC・$\sin\theta = 27\sin\theta$

2 (1) $\dfrac{2}{5}$ (2) $\dfrac{2}{\sqrt{5}} \left(\dfrac{2\sqrt{5}}{5} \right)$

解説

(1) AB は接線より、

∠OAB = 90° なので、

OB $= \sqrt{1^2 + 2^2} = \sqrt{5}$

また、AC の中点を H

とすると、

$\triangle$OAB ∞ $\triangle$OHA となるので、

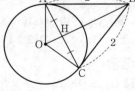

AH $= \dfrac{2}{\sqrt{5}}$、OH $= \dfrac{1}{\sqrt{5}}$

よって、$\triangle$OAC $= \dfrac{1}{2} \cdot$ 2AH・OH $= \dfrac{2}{5}$

(2)$\triangle$OAB ∞ $\triangle$AHB でもあるので、

$\sin$∠CAB $= \sin$∠AOB $= \dfrac{\text{AB}}{\text{OB}} = \dfrac{2}{\sqrt{5}}$

3 方べきの定理より，

PT² ＝ PA・PB …①

∠TQO ＝ 90° より，TO を直径とする円は，PT と T で接し，Q を通る。

方べきの定理より，

PT² ＝ PQ・PO …②

①，②より，PA・PB ＝ PQ・PO

方べきの定理の逆より，4 点 A，B，Q，O は同一円周上にある。

解説

右の図のように，TO を直径とする円は Q を通る。

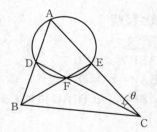

Point

方べきの定理の逆

2 つの線分 AB と CD，または AB の延長と CD の延長が点 P で交わるとき，PA・PB ＝ PC・PD が成り立つならば，4 点 A，B，C，D は 1 つの円周上にある。

4 60°

解説

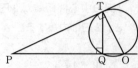

∠ACD ＝ θ とおくと，条件より

∠ABE ＝ 2θ，∠AEB ＝ 4θ

よって，四角形 ADFE が円に内接することから，

∠BDF ＝ ∠AEB ＝ 4θ

よって，∠DFE ＝ ∠BDF ＋ ∠DBF ＝ 6θ

∠CEF ＝ ∠DFE － ∠ECF ＝ 6θ － θ ＝ 5θ となるので，

∠AEB ＋ ∠CEF ＝ 9θ

∠AEB ＋ ∠CEF ＝ 180° より，θ ＝ 20°

∠BAC は，円に内接する四角形 ADFE の ∠DFE ＝ 120° の対角なので，

∠BAC ＝ 180° － 120° ＝ 60°

5 $\sqrt{6}$：3

解説

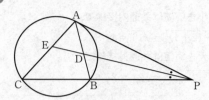

△DAP と △ECP は，

∠DAP ＝ ∠ECP（接線と弦の作る角）

∠DPA ＝ ∠EPC（仮定）

より，2 つの角が等しい。

よって，△DAP ∽ △ECP なので，

PD：PE ＝ PA：PC

PB ＝ 2k，PC ＝ 3k（k ＞ 0）とおくと，

方べきの定理より，

PA² ＝ PB・PC ＝ 6k²　PA ＞ 0 より，PA ＝ $\sqrt{6}$ k

よって，PD：PE ＝ $\sqrt{6}$ k：3k ＝ $\sqrt{6}$：3

17 円の性質 ②　(pp.36～37)

☑ 基礎Check

1 (1) 4　(2) 64°

2 $2\sqrt{15}$

解説

1 (1) 円外の 1 点からその円に引いた 2 本の接線の長さは等しいから，AR ＝ x とおくと，

BP ＝ BR ＝ 9 － x

CQ ＝ CP ＝ 8 － (9 － x) ＝ x － 1

AQ ＝ 7 － (x － 1) ＝ 8 － x

AR ＝ AQ より，x ＝ 8 － x　x ＝ 4

(2) AR ＝ AQ より，△ARQ は二等辺三角形なので，

∠ARQ ＝ $\frac{1}{2}$(180° － 52°) ＝ 64°

接線と弦の作る角より，∠RPQ ＝ ∠ARQ ＝ 64°

2 外接する 2 円の共通外接線の長さなので，

AB ＝ $\sqrt{(5+3)^2-(5-3)^2}$ ＝ $\sqrt{60}$ ＝ $2\sqrt{15}$

Point

2 円の中心間の距離を d，半径を R，r（R ＞ r）とするとき，

共通外接線の長さは，$\sqrt{d^2-(R-r)^2}$

共通内接線の長さは，$\sqrt{d^2-(R+r)^2}$

1 (1) 4　(2) $2\sqrt{6}$

解説

(1)最も小さい値は共通内接線で，
$$\sqrt{5^2-(2+1)^2}=\sqrt{16}=4$$
(2)最も大きい値は共通外接線で，
$$\sqrt{5^2-(2-1)^2}=\sqrt{24}=2\sqrt{6}$$

2 (1) $2\sqrt{2}$　(2) $\dfrac{4\sqrt{2}}{3}$

解説

(1)外接する2円の共通外接線の長さなので，
$$AB=\sqrt{(2+1)^2-(2-1)^2}=\sqrt{8}=2\sqrt{2}$$
(2)PからABに下ろした垂線を
PHとすると，
OP：O′P＝2：1であること
から，
$$(PH-1):(2-1)=1:3$$
$$PH=\frac{4}{3}$$

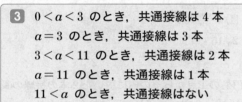

よって，$\triangle PAB=\dfrac{1}{2}\cdot AB\cdot PH=\dfrac{4\sqrt{2}}{3}$

3 $0<a<3$ のとき，共通接線は4本
$a=3$ のとき，共通接線は3本
$3<a<11$ のとき，共通接線は2本
$a=11$ のとき，共通接線は1本
$11<a$ のとき，共通接線はない

解説

点Aを中心とする半径4の円を円A，点Bを中心とする半径 a の円を円Bとする。
$AB>4$ より，点Bは円Aの外部に存在する。
a の値により，2円の位置関係は図の(i)～(v)のようになる。

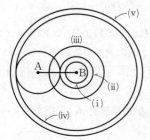

(i) $0<a<3$ のとき，2円は互いの外部にあり，共通接線は4本

(ii) $a+4=7$ つまり $a=3$ のとき，2円は互いに外接し，共通接線は3本

(iii) $3<a<11$ のとき，2円は2点で交わり，共通接線は2本

(iv) $a-4=7$ つまり $a=11$ のとき，円Aは円Bに内接し，共通接線は1本

(v) $11<a$ のとき，円Aは円Bの内部に含まれ，共通接線はない。

Point

2円の中心間距離が2円の半径の和に等しいとき，2円は外接する。
2円の中心間距離が2円の半径の差に等しいとき，2円は内接する。

4 $10-4\sqrt{3}$

解説

点Pを通りADに平行な直線と，点Qを通りABに平行な直線との交点をH，$p+q=x(2<x<6)$ とおくと，
$$PQ=x,\quad QH=4-x,\quad PH=6-x$$
よって，$x^2=(4-x)^2+(6-x)^2$
$$x^2-20x+52=0$$
$2<x<6$ より，$x=10-4\sqrt{3}$

18 図形と証明 (pp.38～39)

☑基礎Check

1 (1)△ABPと△ACDで
$\angle BAP=\angle CAD$(仮定) …①
$\angle ABP=\angle ACD$($\stackrel{\frown}{AD}$に対する円周角)
…②
①，②より，△ABP∽△ACD(2組の角がそれぞれ等しい)
よって，$AB:BP=AC:CD$
$AB\cdot CD=AC\cdot BP$
(2)△ABCと△APDで
$\angle BAC=\angle BAP+\angle PAC$
$=\angle CAD+\angle PAC$(仮定)
$=\angle PAD$ …①
$\angle ACB=\angle ADP$($\stackrel{\frown}{AB}$に対する円周角)
…②
①，②より，△ABC∽△APD(2組の角がそれぞれ等しい)

よって，AC：BC＝AD：PD

AD・BC＝AC・PD

(1)と合わせて，

AB・CD＋AD・BC

＝AC・BP＋AC・PD

＝AC(BP＋PD)

＝AC・BD

1 (1) CP は円 O の接線なので，

∠OCP＝90°

M は弦 AB の中点なので，

∠OMA＝90°

よって，∠OCP＝∠OMP より，4 点 O，P，C，M は同一円周上にある。

(2)(1)と同様にして，4 点 O，M，Q，D も同一円周上にあることを示せる。

△OCP と △ODQ において，

∠OCP＝∠ODQ＝90°　…①

OC＝OD(半径)　…②

∠POC＝∠PMC($\overset{\frown}{PC}$ に対する円周角)

＝∠QMD(対頂角)

＝∠QOD($\overset{\frown}{QD}$ に対する円周角)

…③

①，②，③より，△OCP≡△ODQ(1 組の辺とその両端の角がそれぞれ等しい)

よって，OP＝OQ である。

したがって，△OPQ は二等辺三角形だから，M は PQ の中点にもなるので，

AP＝MP－MA＝MQ－MB＝BQ

2 (1)∠DBI＝∠DBC＋∠IBC

＝∠DAC＋∠IBC($\overset{\frown}{CD}$ に対する円周角)

＝∠IAB＋∠IBA(I は内心)

＝∠DIB

よって，△DIB は二等辺三角形となるので，DB＝DI

(2)半直線 DO と外接円との交点で D とは異なる方を F とする。

△AEI と △FBD において

∠AEI＝∠FBD＝90°　…①

∠EAI＝∠BFD($\overset{\frown}{BD}$ に対する円周角)

…②

①，②より，△AEI∽△FBD(2 組の角がそれぞれ等しい)

よって，AI：IE＝FD：DB と(1)より，

AI：r＝2R：DI

AI・DI＝2Rr

(3) AD の中点を M とすると，

AI・DI＝(AM－MI)(AM＋MI)

＝AM²－MI²

＝(AO²－OM²)－MI²

＝AO²－(OM²＋MI²)

＝R^2－OI²

よって，(2)の結果より，

OI²＝R^2－2Rr

3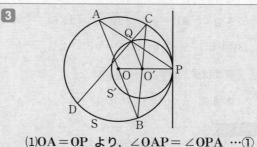

(1)OA＝OP より，∠OAP＝∠OPA　…①

O′Q＝O′P より，

∠O′QP＝∠O′PQ　…②

①，②より，∠OAP＝∠O′QP

よって，同位角が等しいので，

AO∥QO′

(2)(1)より ∠APC＝∠ABC＝∠QO′C

($\overset{\frown}{AC}$ の円周角，AB∥QO′)

このことから，4 点 Q，O′，P，C は同一円周上に存在する。

よって，

∠BDP＝∠BAP($\overset{\frown}{BP}$ に対する円周角)

＝∠OPA(OA＝OP)

＝∠O′CQ($\overset{\frown}{QO'}$ に対する円周角)

＝∠BPD($\overset{\frown}{BD}$ に対する円周角)

よって，∠BDP＝∠BPD となるので，

DB＝BP

19 空間図形 ①

(pp.40〜41)

☑ 基礎Check

1 (1)△ABH と △ACH と △ADH において，

AB＝AC＝AD（仮定）…①

∠AHB＝∠AHC

＝∠AHD＝90°（仮定）…②

AH は共通 …③

①，②，③より，

△ABH≡△ACH≡△ADH

よって，BH＝CH＝DH となるので，

H は △BCD の外心である。

(2)$2\sqrt{6}$　(3)表面積…$36\sqrt{3}$，体積…$18\sqrt{2}$

解説

1 (2)△BCD で，正弦定理より，

$$\frac{6}{\sin60°}=2BH \quad BH=2\sqrt{3}$$

よって，$AH=\sqrt{6^2-(2\sqrt{3})^2}=2\sqrt{6}$

(3)$\triangle BCD=\frac{1}{2}\cdot6\cdot6\cdot\sin60°=9\sqrt{3}$ より，

表面積は，$4\cdot9\sqrt{3}=36\sqrt{3}$

体積は，$\frac{1}{3}\cdot9\sqrt{3}\cdot2\sqrt{6}=18\sqrt{2}$

Point

1 辺の長さが a の正四面体について，

表面積 $\sqrt{3}\,a^2$，高さ $\frac{\sqrt{6}}{3}a$，体積 $\frac{\sqrt{2}}{12}a^3$

1 (1)5　(2)$4\sqrt{21}$　(3)$\dfrac{6\sqrt{7}}{7}$

解説

(1)$FG=GB=\sqrt{4^2+3^2}=5$

(2)四角形 GBEL は，上底 GL＝4，下底 BE＝8，

GB＝LE＝5 の等脚台形なので，その高さは，

$\sqrt{5^2-2^2}=\sqrt{21}$

よって，$\triangle BEG=\frac{1}{2}\cdot8\cdot\sqrt{21}=4\sqrt{21}$

(3)三角錐 G-BEF を考えると，△BEF は直角三角形

で FB＝$4\sqrt{3}$，高さ3なので，その体積は，

$\frac{1}{3}\cdot\frac{1}{2}\cdot4\cdot4\sqrt{3}\cdot3=8\sqrt{3}$

よって，同じ三角錐 F-BEG について，高さを h と

おくと，$\frac{1}{3}\cdot4\sqrt{21}\cdot h=8\sqrt{3}$ より，$h=\dfrac{6\sqrt{7}}{7}$

---

2 (1)$\dfrac{1}{3}$　(2)$\dfrac{1}{6}$

解説

(1)立方体から三角錐を4つとり

除くと考えて，

$1^3-4\times\frac{1}{3}\cdot\frac{1}{2}\cdot1^2\cdot1=\frac{1}{3}$

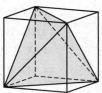

(2)2つの正四面体の共通部分は，

右の図のように正八面体にな

る。(1)の正四面体の1辺の長

さが $\sqrt{2}$ なので，この正八

面体の1辺の長さは $\dfrac{\sqrt{2}}{2}$ と

なる。底面が1辺 $\dfrac{\sqrt{2}}{2}$ の正方形，高さが $\dfrac{1}{2}$ の正四

角錐2つ分の体積を求めると考えて，

$2\times\frac{1}{3}\cdot\left(\frac{\sqrt{2}}{2}\right)^2\cdot\frac{1}{2}=\frac{1}{6}$

3 (1)$\sqrt{2}$　(2)$\dfrac{5}{6}$　(3)$\dfrac{\sqrt{2}}{6}$

解説

(1)中点連結定理より，

PQ＝QR＝RS＝SP＝1

また，対称性より，PR＝SQ

よって，四角形 PQRS は

4辺の長さがすべて等しく，

対角線の長さも等しいので，

1辺の長さが1の正方形である。

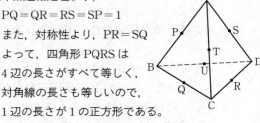

したがって，PR＝$\sqrt{2}$

(2)BR＝BS＝$\sqrt{3}$

よって，△SBR で余弦定理より，

$$\cos\angle SBR=\frac{(\sqrt{3})^2+(\sqrt{3})^2-1^2}{2\cdot\sqrt{3}\cdot\sqrt{3}}=\frac{5}{6}$$

(3)求める図形は，右の図の

ように正四面体 ABCD から，

正四面体 APST，BPQU，

CQRT，DSUR をとり除いて

得られる正八面体の半分で

ある。

A から底面 BCD に下した

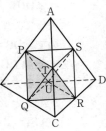

垂線を AH とする。AB＝AC＝AD より，

HB＝HC＝HD となり，H は △BCD の外心である。H は △BCD の重心でもあるので

$$\text{BH}=\frac{2}{3}\sqrt{3} \quad \text{AH}=\sqrt{2^2-\left(\frac{2}{3}\sqrt{3}\right)^2}=\frac{2\sqrt{2}}{\sqrt{3}}$$

$$\triangle\text{BCD}=\frac{1}{2}\cdot 2\cdot 2\cdot\sin 60°=\sqrt{3}$$

よって，正四面体 ABCD の体積は，

$$\frac{1}{3}\cdot\sqrt{3}\cdot\frac{2\sqrt{2}}{\sqrt{3}}=\frac{2\sqrt{2}}{3}$$

正四面体 ABCD と正四面体 APST は相似なので，体積比は AB³：AP³＝2³：1³＝8：1

よって，とり除く正四面体の体積は，

$$\frac{2\sqrt{2}}{3}\times\frac{1}{8}\times 4=\frac{\sqrt{2}}{3}$$

したがって，求める体積は，

$$\frac{1}{2}\times\left(\frac{2\sqrt{2}}{3}-\frac{\sqrt{2}}{3}\right)=\frac{\sqrt{2}}{6}$$

別解

四角錐 QPTRU は，底面の四角形 PTRU が 1 辺の

長さ 1 の正方形で，高さが $\dfrac{\text{QS}}{2}=\dfrac{\text{PR}}{2}=\dfrac{\sqrt{2}}{2}$

よって，$\dfrac{1}{3}\cdot 1\cdot 1\cdot\dfrac{\sqrt{2}}{2}=\dfrac{\sqrt{2}}{6}$

20 空間図形 ②　　(pp.42〜43)

☑ 基礎Check

1 (1) $\dfrac{\sqrt{6}}{3}$ (2) $8\sqrt{6}\,\pi$

解説

1 (1)右の図のように，A から △BCD に下ろした垂線を AH とすると，

$$\text{AH}=\frac{4\sqrt{6}}{3}$$

球の中心を O とすると，O は AH 上の点で，OH が球の半径となる。正四面体 ABCD の体積は，三角錐 OABC，三角錐 OACD，三角錐 OABD，三角錐 OBCD の体積の和になり，三角錐 OBCD の体積は正四面体 ABCD の体積の $\dfrac{1}{4}$ となる。

よって，$\text{OH}=\dfrac{1}{4}\text{AH}=\dfrac{\sqrt{6}}{3}$

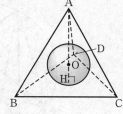

(2)球の中心は O で，半径は OA となる。

$$\text{OA}=\text{AH}-\text{OH}=\frac{4\sqrt{6}}{3}-\frac{\sqrt{6}}{3}=\sqrt{6}$$

よって，$\dfrac{4}{3}\pi\cdot(\sqrt{6})^3=8\sqrt{6}\,\pi$

> **Point**
> 1 辺の長さ a の正四面体 ABCD について，
> 内接球の半径 $\dfrac{\sqrt{6}}{12}a$，外接球の半径 $\dfrac{\sqrt{6}}{4}a$

1 (1) $2\sqrt{6}$ (2) $2\sqrt{2}$

解説

(1) 1 辺の長さを a として，$\dfrac{\sqrt{6}}{12}a=1$ より，

$$a=\frac{12}{\sqrt{6}}=2\sqrt{6}$$

(2)球の中心は，内接球や外接球と同じである。また，球は各辺の中点で接するので，右の図のように，正四面体の 1 辺の中点を M とすると，OM が球の半径となる。

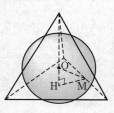

1 辺の長さを a とすると，$\text{OH}^2+\text{HM}^2=\text{OM}^2$ より，

$$\left(\frac{1}{4}\cdot\frac{\sqrt{6}}{3}a\right)^2+\left(\frac{1}{3}\cdot\frac{\sqrt{3}}{2}a\right)^2=1^2 \text{ よって，} a=2\sqrt{2}$$

2 体積…$\dfrac{\sqrt{2}}{3}a^3$

　　内接球の半径…$\dfrac{\sqrt{6}}{6}a$

　　外接球の半径…$\dfrac{\sqrt{2}}{2}a$

解説

底面が 1 辺 a の正方形，高さ $\dfrac{\sqrt{2}}{2}a$ の正四角錐 2 つと考えると，体積は，

$$2\times\frac{1}{3}\cdot a^2\cdot\frac{\sqrt{2}}{2}a=\frac{\sqrt{2}}{3}a^3$$

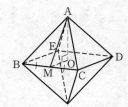 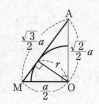

また，図のように，A から正方形 BCDE に下ろした垂線を AO とすると，O は球の中心となる。
BC の中点を M，内接球の半径を r とすると，
$$\mathrm{AM}:\mathrm{AO}=\mathrm{MO}:r$$
$$\sqrt{3}:\sqrt{2}=\frac{1}{2}a:r \quad r=\frac{\sqrt{6}}{6}a$$

また，外接球の半径は，$\mathrm{OA}=\dfrac{\sqrt{2}}{2}a$

---

3 (1) $\dfrac{1}{6}a\sqrt{1-2a^2}$ (2) $\dfrac{1}{2}$

解説

(1)$\mathrm{AB}=x$ とおくと，$\triangle\mathrm{ABC}$ の面積は，
$$\frac{1}{2}a\sqrt{x^2-\left(\frac{a}{2}\right)^2}=\frac{1}{2}a\sqrt{x^2-\frac{a^2}{4}}$$
となるので，正四角錐の表面積について，
$$\frac{1}{2}a\sqrt{x^2-\frac{a^2}{4}}\times4+a^2=1$$
$$x^2=\left(\frac{1-a^2}{2a}\right)^2+\frac{a^2}{4}=\frac{1-2a^2+2a^4}{4a^2}$$
また，$\triangle\mathrm{ABD}$ の高さが四角錐の高さとなるので，体積は，
$$\frac{1}{3}a^2\sqrt{x^2-\left(\frac{\sqrt{2}}{2}a\right)^2}=\frac{1}{3}a^2\sqrt{\frac{1-2a^2+2a^4}{4a^2}-\frac{a^2}{2}}$$
$$=\frac{1}{6}a\sqrt{1-2a^2}$$

(2)四角錐 ABCDE の体積について，高さ r の四角錐と三角錐に分けて考える。表面積が 1 より，
$\triangle\mathrm{ABC}=\dfrac{1-a^2}{4}$ なので，
$$\frac{1}{3}ra^2+4\times\frac{1}{3}r\cdot\triangle\mathrm{ABC}=\frac{1}{3}r(a^2+4\times\triangle\mathrm{ABC})=\frac{1}{3}r$$
(1)より，
$$\frac{1}{3}r=\frac{1}{6}a\sqrt{1-2a^2} \quad r=\frac{1}{2}a\sqrt{1-2a^2}$$
$$r^2=\frac{1}{4}a^2(1-2a^2)=-\frac{1}{2}\left(a^4-\frac{1}{2}a^2\right)$$
$$=-\frac{1}{2}\left(a^2-\frac{1}{4}\right)^2+\frac{1}{32}$$
$0<a<\dfrac{\sqrt{2}}{2}$ より，$0<a^2<\dfrac{1}{2}$ なので，$a^2=\dfrac{1}{4}$ のとき r^2 は最大値をとる。

よって，$a=\dfrac{1}{2}$

Point

内接球が存在する**多面体**において，体積を V，表面積を S，内接球の半径を r とすると，
$$V=\frac{1}{3}rS$$

---

4 (1) $\dfrac{3}{4}$ (2) $\dfrac{\sqrt{11}}{9}$

解説

(1)$\mathrm{AC}=\mathrm{BC}=x$
$\angle\mathrm{ACB}=\theta$ とおく。
$\triangle\mathrm{ABC}$ で余弦定理より，
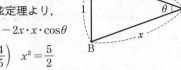
$$\mathrm{AB}^2=x^2+x^2-2x\cdot x\cdot\cos\theta$$
$$1^2=2x^2\left(1-\frac{4}{5}\right) \quad x^2=\frac{5}{2}$$
$\sin\theta>0$ より，$\sin\theta=\sqrt{1-\cos^2\theta}=\dfrac{3}{5}$

よって，$\triangle\mathrm{ABC}=\dfrac{1}{2}\cdot\dfrac{5}{2}\cdot\dfrac{3}{5}=\dfrac{3}{4}$

(2)$\triangle\mathrm{DAB}\equiv\triangle\mathrm{CAB}$ より，$\mathrm{DA}=\mathrm{DB}=x$
AB の中点を M，CD の中点を N とする。
$\triangle\mathrm{ABC}$ は二等辺三角形であるから，$\mathrm{CM}\perp\mathrm{AB}$
同様に $\triangle\mathrm{ABD}$ についても，$\mathrm{DM}\perp\mathrm{AB}$
よって，平面 CDM 上の 2 直線 CM，DM と AB は垂直に交わる。
また，$\triangle\mathrm{BCD}$ と $\triangle\mathrm{ACD}$ も二等辺三角形であるから，平面 ABN 上の 2 直線 BN，AN と CD は垂直に交わる。

よって，四面体 ABCD の体積は，$\dfrac{1}{3}\cdot\triangle\mathrm{ABN}\cdot\mathrm{CD}$

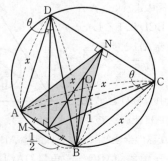

四面体 ABCD の外接球の中心を O とする。
$\mathrm{OA}=\mathrm{OB}=1$ より，O は平面 CDM 上にあり，
$\mathrm{OC}=\mathrm{OD}=1$ より，O は平面 ABN 上にある。

よって，O は平面 CDM と平面 ABN の交線 MN
上にある。
△OAB は OA＝OB＝AB＝1 の正三角形より，
$$OM＝\frac{\sqrt{3}}{2}$$

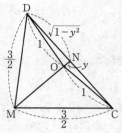

ON＝y とおくと，△OND で，DN＝CN＝$\sqrt{1-y^2}$
△DMN で，
$$\left(\frac{3}{2}\right)^2＝\left(\frac{\sqrt{3}}{2}+y\right)^2+(\sqrt{1-y^2})^2 \quad y＝\frac{1}{2\sqrt{3}}$$

よって，$CD＝2\sqrt{1-y^2}＝\dfrac{\sqrt{11}}{\sqrt{3}}$

$$MN＝OM+y＝\frac{2\sqrt{3}}{3}$$

したがって，求める体積は，
$$\frac{1}{3}\cdot△ABN\cdot CD＝\frac{1}{3}\cdot\left(\frac{1}{2}\cdot1\cdot\frac{2\sqrt{3}}{3}\right)\cdot\frac{\sqrt{11}}{\sqrt{3}}＝\frac{\sqrt{11}}{9}$$

別解

四面体 ABCD の体積は，$\dfrac{1}{3}\cdot△CDM\cdot AB$ でも求め
ることもできる。
$$\frac{1}{3}\cdot△ABN\cdot CD＝\frac{1}{3}\cdot\frac{1}{2}\cdot AB\cdot MN\cdot CD$$
$$＝\frac{1}{3}\cdot\frac{1}{2}\cdot CD\cdot MN\cdot AB$$
$$＝\frac{1}{3}\cdot△CDM\cdot AB$$

Point

複雑な四面体の体積を求めるときは，平面と垂
直に交わる直線を見つける。

第 3 章　整数の性質

21　約数と倍数 ①　(pp.44〜45)

☑ 基礎Check

1 (1) 20 個　(2) 744

2 $(a,\ b)=(12,\ 180),\ (36,\ 60)$

解説

1 (1)素因数分解すると，$240＝2^4\cdot3\cdot5$ なので，
$$(4+1)(1+1)(1+1)＝20(個)$$
(2)$(1+2+2^2+2^3+2^4)(1+3)(1+5)$
$$＝31\cdot4\cdot6＝744$$

Point

素因数分解して $p^a\cdot q^b\cdots$ となる自然数の
正の**約数の個数**は，$(a+1)(b+1)\cdots$
正の**約数の総和**は，
$$(1+p+\cdots+p^a)(1+q+\cdots+q^b)\cdots$$

2 $a＝12A,\ b＝12B$（$A,\ B$ は互いに素な自然数，
$A<B$）とおくと，条件より，$180＝12AB$，
$AB＝15$
よって，$(A,\ B)=(1,\ 15),\ (3,\ 5)$ を得るので，
$(a,\ b)=(12,\ 180),\ (36,\ 60)$

Point

2 つの自然数 $a,\ b$ の**最大公約数**を G，**最小公倍
数**を L とすると，
$a＝GA,\ b＝GB$（$A,\ B$ は**互いに素**な自然数）
$L＝GAB,\ GL＝ab$

---

1 $(7,\ 84),\ (21,\ 28)$

解説

$x＝7a,\ y＝7b$（$a,\ b$ は互いに素な自然数，$a<b$）と
おくと，条件より，$7a\times7b＝588$，$ab＝12$
よって，$(a,\ b)=(1,\ 12),\ (3,\ 4)$ を得るので，
$(x,\ y)=(7,\ 84),\ (21,\ 28)$

---

2 1800

解説

$250＝2\cdot5^3$ より，$n＝2\cdot5^2\cdot A$ の形で表される。
$256＝2^8$ より，$n＝2^3\cdot B$ の形で表される。
$243＝3^5$ より，$n＝3^2\cdot C$ の形で表される。
以上より，最小の正の整数 n は，
$n＝2^3\cdot3^2\cdot5^2＝1800$

3 (1) 30 個　(2) 30008

解説

(1) 1, 2, 3, $4=2^2$, 5, $6=2\cdot3$, 7, $8=2^3$, $9=3^2$,

$10=2\cdot5$ をすべて掛け合わせると

$10!=2^8\cdot3^4\cdot5^2\cdot7$

この約数のうち，2 を素因数にもたないのは

$3^4\cdot5^2\cdot7$ の約数なので

$(4+1)(2+1)(1+1)=30$（個）

(2) これらの総和は，

$(1+3+3^2+3^3+3^4)(1+5+5^2)(1+7)$

$=121\cdot31\cdot8=30008$

4 (1) 22　(2) 47　(3) 22

解説

(1) 50 以下の自然数の中に 3 の倍数は 16 個，3^2 の倍数は 5 個，3^3 の倍数は 1 個あるので，50! を素因数分解したときの 3 の指数は，

$16+5+1=22$

よって，最大の n は 22

(2) (1) と同様に，2 の倍数は 25 個，2^2 の倍数は 12 個，2^3 の倍数は 6 個，2^4 の倍数は 3 個，2^5 の倍数は 1 個なので，

最大の n は，$25+12+6+3+1=47$

(3) (1)・(2) より，$50!=2^{47}\cdot3^{22}\cdot A$ と表される（A は 2，3 と互いに素）。

$12^n=(2^2\cdot3)^n$ なので，$50!=(2^2\cdot3)^{22}\cdot2^3\cdot A$ となり，

最大の n は 22

5 (1) 24 個

　　(2) $g=42$，$l=88200$，$x=7350$

解説

(1) 素因数分解すると，$504=2^3\cdot3^2\cdot7$ となるので，

$4\cdot3\cdot2=24$（個）

(2) $504=gA$，$x=gB$（A，B は互いに素な自然数）とおく。

(1) より $n=24$ なので g の約数の個数は，

$\dfrac{n}{3}=\dfrac{24}{3}=8$（個）

g は $504=2^3\cdot3^2\cdot7$ の約数で，x の素因数は 2，3，5，7 なので，

(i) $g=2\cdot3\cdot7$ のとき，$A=2^2\cdot3$，$B=5^p\cdot7^q$（p，q は自然数）で，A と B は互いに素。

(ii) $g=2^3\cdot3$ のとき，$A=3\cdot7$，$B=5^p\cdot7^q$（p，q は自然数）で，A と B は互いに素にならない。

(iii) $g=2^3\cdot7$ のとき，$A=3^2$，$B=3^p\cdot5^q\cdot7^r$（p，q，r は自然数）で，A，B は互いに素にならない。

(i)～(iii) より，$g=2\cdot3\cdot7$

$l=gAB=(2\cdot3\cdot7)\cdot(2^2\cdot3)\cdot(5^p\cdot7^q)$

$=2^3\cdot3^2\cdot5^p\cdot7^{q+1}$

l の約数の個数は，$\dfrac{9}{2}n=\dfrac{9}{2}\times24=108$（個）なので，

$4\times3\times(p+1)\times(q+2)=108$

$(p+1)(q+2)=9=3^2$ より，$p=2$，$q=1$

よって，$x=2\cdot3\cdot5^2\cdot7^2=7350$

また，$l=2^3\cdot3^2\cdot5^2\cdot7^2=88200$

22 約数と倍数 ②　　(pp.46～47)

☑ 基礎Check

1 (1) 3 を法とする合同式を考えると，

$n\equiv0$ のとき，$n^2\equiv0$

$n\equiv1$ のとき，$n^2\equiv1$

$n\equiv2$ のとき，$n^2\equiv4\equiv1$

よって，$n^2\equiv0$ または $n^2\equiv1$ である。

したがって，n^2 を 3 で割った余りは 0 または 1 である。

(2) n，$n+1$，$n+2$ は連続する 3 つの整数なので，少なくとも 1 つは偶数かつ 1 つは 3 の倍数である。

よって，これらの積は 6 の倍数である。

Point

合同式

m を正の整数とし，2 つの整数 a，b について $a-b$ が m の倍数であるとき，a と b は m を**法**として**合同**であるといい，$a\equiv b\pmod{m}$ と表す。

合同式の性質

$a\equiv b\pmod{m}$，$c\equiv d\pmod{m}$ のとき，

①$a+c\equiv b+d\pmod{m}$，$a-c\equiv b-d\pmod{m}$

②$ac\equiv bd\pmod{m}$

③自然数 n に対し，$a^n\equiv b^n\pmod{m}$

1 (1) 5 を法とする合同式を考えると，

$n \equiv 0$ のとき，$n^2 \equiv 0$

$n \equiv 1$ のとき，$n^2 \equiv 1$

$n \equiv 2$ のとき，$n^2 \equiv 4$

$n \equiv 3$ のとき，$n^2 \equiv 9 \equiv 4$

$n \equiv 4$ のとき，$n^2 \equiv 16 \equiv 1$

よって，$n^2 \equiv 0$ または $n^2 \equiv 1$ または $n^2 \equiv 4$ である。

したがって，n^2 を5で割った余りは0，1または4である。

(2) 5 を法とする合同式を考える。

$n \equiv 4$ のとき，$n^2 + n \equiv 1 + 4 = 5 \equiv 0$

よって，$n^2 + n$ は5の倍数である。

(3) $m^3 - m = m(m-1)(m+1)$ と因数分解され，$m-1$，m，$m+1$ は連続する3つの整数なので，積は6の倍数である。

よって，$m^3 - m$ は6の倍数である。

2 (1) $n = 2k - 1$（k は整数）とおくと，

$n^2 - 1 = (2k-1)^2 - 1 = 4k(k-1)$

となるので，$n^2 - 1$ は4の倍数である。

また，$k-1$，k は連続する2つの整数なので，いずれかは偶数である。

したがって，$n^2 - 1$ は8の倍数である。

(2) $n^5 - n = n(n^2-1)(n^2+1)$ $\cdots$①

$= n(n+1)(n-1)(n^2+1)$ $\cdots$②

$= n(n+1)(n-1)\{(n^2-4)+5\}$

$= (n-2)(n-1)n(n+1)(n+2)$

$\quad + 5n(n+1)(n-1)$ $\cdots$③

①と(1)より，$n^5 - n$ は8の倍数である。

②より，$(n-1)n(n+1)$ は連続する3つの整数なので，$n^5 - n$ は6の倍数である。

③より，$(n-2)(n-1)n(n+1)(n+2)$ は連続する5つの整数なので，1つは5の倍数である。

また，$5n(n+1)(n-1)$ も5の倍数なので，$n^5 - n$ は5の倍数である。

よって，$n^5 - n$ は5の倍数かつ6の倍数かつ8の倍数なので，120の倍数である。

3 (1) a は偶数であると仮定すると，d の偶奇によらず，x_1，x_2，x_3，x_4 の少なくとも2つが偶数となる。偶数である素数は2のみなので，x_1，x_2，x_3，x_4 がすべて素数であることと矛盾する。よって，a は奇数である。

また，このとき，d は奇数であると仮定すると，x_2 と x_4 が偶数となるので，同様の理由で矛盾する。よって，d は偶数である。

以上より，a は奇数，d は偶数である。

(2) d は3の倍数ではないと仮定する。

以下，A，D は自然数とする。

(i) $a = 3A$ の場合，

$x_1 = a$ が素数なので，$a = 3$

$x_4 = a + 3d = 3 + 3d = 3(1+d)$

は素数ではない。

(ii) $a = 3A - 2$ の場合，

(ii)-1 $d = 3D - 2$ のとき，

$x_3 = (3A-2) + 2(3D-2)$

$\quad = 3(A + 2D - 2)$

は素数ではない。

(ii)-2 $d = 3D - 1$ のとき，

$x_2 = (3A-2) + (3D-1)$

$\quad = 3(A + D - 1)$

は素数ではない。

(iii) $a = 3A - 1$ の場合，

(iii)-1 $d = 3D - 2$ のとき，

$x_2 = (3A-1) + (3D-2)$

$\quad = 3(A + D - 1)$

は素数ではない。

(iii)-2 $d = 3D - 1$ のとき，

$x_3 = (3A-1) + 2(3D-1)$

$\quad = 3(A + 2D - 1)$

は素数ではない。

(i)～(iii) より，いずれの場合も d を3の倍数ではないと仮定すると，x_1，x_2，x_3，x_4 がすべて素数であることに矛盾する。

よって，d は3の倍数である。

(3) $a = 7$，$d = 30$

(3)(1)・(2)より，d は 2 の倍数かつ 3 の倍数，つまり 6 の倍数である。よって，$d=6D$ とおくと，

$x_3=a+2\cdot6D=67$，$a=67-12D$

いま，$a>0$ なので，$1\leqq D<\dfrac{67}{12}=5\dfrac{7}{12}$

(i)$D=1$ の場合，$x_1=a=55$ は素数ではない。

(ii)$D=2$ の場合，$a=43$，$x_2=43+12=55$ は素数ではない。

(iii)$D=3$ の場合，$a=31$，$x_2=31+18=49$ は素数ではない。

(iv)$D=4$ の場合，$a=19$，$x_4=19+72=91$ は素数ではない。

(v)$D=5$ の場合，$x_1=a=7$ で，このとき，$x_2=37$，$x_3=67$，$x_4=97$ はすべて素数である。

(i)〜(v)より，$D=5$　よって，$a=7$，$d=30$

23 不定方程式 ① (pp.48〜49)

☑ 基礎Check

1 (1)$x=7$，$y=-5$

(2)$x=-18k+7$，$y=13k-5$（k は整数）

2 998

1 (1)$18=13\cdot1+5$，$13=5\cdot2+3$，

$5=3\cdot1+2$，$3=2\cdot1+1$ なので，

$1=3-2\cdot1=3-(5-3\cdot1)\cdot1$

$=3\cdot2-5\cdot1=(13-5\cdot2)\cdot2-5$

$=13\cdot2-5\cdot5$

$=13\cdot2-(18-13\cdot1)\cdot5$

$=13\cdot7+18\cdot(-5)$

(2)(1)の結果を方程式から引くと，

$13(x-7)+18(y+5)=0$

$13(x-7)=-18(y+5)$

いま，13 と 18 とは互いに素なので，k を整数として，$x-7=-18k$，$y+5=13k$

よって，$x=-18k+7$，$y=13k-5$

2 x，y を整数として，$n=3x+2=5y+3$ とおくと，$3x-5y=1$ となる。この式から $3\cdot2-5\cdot1=1$ を引くと，

$3(x-2)-5(y-1)=0$　$3(x-2)=5(y-1)$

いま，3 と 5 とは互いに素なので，k を整数として，

$x-2=5k$，$y-1=3k$

よって，$x=5k+2$，$y=3k+1$

これより，$n=3(5k+2)+2=15k+8$ となり，$k=66$ のとき $n=998$，$k=67$ のとき $n=1013$ であることから，1000 に最も近い n は 998 となる。

Point

1 次不定方程式を解くとき

まず，適当な値を代入して方程式を満たす x，y の組を探し出す。簡単に見つからなければ**ユークリッドの互除法**を用いる。

整数の割り算

整数 a と正の整数 b に対して，

$a=bq+r$，$0\leqq r<b$

を満たす整数 q と r がただ 1 通りに定まる。

1 (1)3 番目…10，4 番目…11，9 番目…22

(2)40

(1)順に書き出すと，

0，5，10，11，15，16，20，21，22，25，…

よって，3 番目は 10，4 番目は 11，9 番目は 22 になる。

(2)y の値により場合分けを行う。

(i)$y=0$ の場合

$n=5x$ より，負でないすべての 5 の倍数は A に属する。

(ii)$y=1$ の場合

$n=5(x+2)+1$ より，11 以上の 5 で割って 1 余る数は A に属する。

(iii)$y=2$ の場合

$n=5(x+4)+2$ より，22 以上の 5 で割って 2 余る数は A に属する。

(iv)$y=3$ の場合

$n=5(x+6)+3$ より，33 以上の 5 で割って 3 余る数は A に属する。

(v)$y=4$ の場合

$n=5(x+8)+4$ より，44 以上の 5 で割って 4 余る数は A に属する。

(i)〜(v)より，40 以上の整数はすべて A に属する。

2 (1) 10　(2) $\overline{A}=\{1,\ 2,\ 4,\ 7\}$

解説

(1)順に書き出すと，0，3，5，6，8，9，10，11，…

よって，7番目の数は10になる。

(2) n の値によって場合分けを行う。

(i) $n=0$ の場合

$3m$ より，負でないすべての3の倍数は A に属する。

(ii) $n=1$ の場合

$3(m+1)+2$ より，5以上の3で割って2余る数は A に属する。

(iii) $n=2$ の場合

$3(m+3)+1$ より10以上の3で割って1余る数は A に属する。

(i)～(iii)より，10以上の整数はすべて A に属するので，$\overline{A}=\{1,\ 2,\ 4,\ 7\}$

3 18

解説

$x,\ y$ を負でない整数として，$n=11x+7=5y+3$ とおくと，$11x-5y=-4$ となる。

この式から $11\cdot1-5\cdot3=-4$ を引くと，

$11(x-1)-5(y-3)=0$　$11(x-1)=5(y-3)$

いま，11と5とは互いに素なので，k を負でない整数として，$x-1=5k$，$y-3=11k$

よって，$x=5k+1$，$y=11k+3$

これより，$n=11(5k+1)+7=55k+18$ となるので，$11\cdot5=55$ で割ったときの余りは18になる。

4 (1)最小…14，2番目…34

(2) $20m-6$

解説

(1) x,y を負でない整数として，$n=5x+4=4y+2$ とおくと，$5x-4y=-2$ となる。

この式から $5\cdot2-4\cdot3=-2$ を引くと，

$5(x-2)-4(y-3)=0$　$5(x-2)=4(y-3)$

いま，5と4とは互いに素なので，k を負でない整数として，$x-2=4k$，$y-3=5k$

よって，$x=4k+2$，$y=5k+3$

これより，$n=5(4k+2)+4=20k+14$ となるので，最小の n は14，2番目の n は34

(2)(1)より，小さいほうから m 番目は $k=m-1$ のときだから，$20(m-1)+14=20m-6$

24　不定方程式 ②　　(pp.50〜51)

☑基礎Check

1 (2, 14), (3, 8), (4, 6), (5, 5), (7, 4), (13, 3)

2 4

解説

1 $(x-1)(y-2)=12$ で $x-1\geqq0$ より，下の表を得る。

$x-1$	1	2	3	4	6	12
$y-2$	12	6	4	3	2	1

$(x,\ y)=(2,\ 14),\ (3,\ 8),\ (4,\ 6),\ (5,\ 5),\ (7,\ 4),$
$\qquad(13,\ 3)$

2 (与式)$=(n+7)(n-3)$，$n+7>n-3$ より，素数であるためには $n-3=1$ であることが必要である。

このとき，(与式)$=11$ は素数なので，十分でもある。

以上より，$n=4$

Point

「（　）（　）＝整数」の形に変形する。

1 (1)(1, 2)，(−1, 2)

(2) $k=2$，$p=7$

解説

(1)与式より，$(x+y-2)(x-y+2)=1$

よって，下の表を得る。

$x+y-2$	1	−1
$x-y+2$	1	−1

したがって，$(x,\ y)=(1,\ 2)$，$(-1,\ 2)$

(2)与式より，$(k+5)(k-1)=p$

いま，p は素数で，$k+5>k-1$ なので，

$k-1=1$ であることが必要である。

このとき，$p=7$ は素数になるので，十分でもある。

以上より，$k=2$，$p=7$

2 $(1,\ 2),\ (1,\ -4),\ (-1,\ 4),\ (-1,\ -2)$

解説

与式より,$(x+y)^2=11-2x^2$

左辺が平方数であることより,下の表を得る。

x	1	1	-1	-1
$x+y$	3	-3	3	-3
y	2	-4	4	-2

よって,$(x,\ y)=(1,\ 2),\ (1,\ -4),$
$\qquad\qquad\quad (-1,\ 4),\ (-1,\ -2)$

3 (1)$(x-2)(y+1)(z+2)$ (2)9 組

解説

(1)(与式)$=(xy+x-2y-2)z+2(xy+x-2y-2)$
$\qquad=\{x(y+1)-2(y+1)\}(z+2)$
$\qquad=(x-2)(y+1)(z+2)$

(2)(1)より,$(x-2)(y+1)(z+2)=30$

$30=2\cdot3\cdot5$ で $x-2\geqq-1,$ $y+1\geqq2,$
$z+2\geqq3$ より,下の表を得る。

$z+2$	3	3	3	5	5	5	6	10	15
$x-2$	1	2	5	1	2	3	1	1	1
$y+1$	10	5	2	6	3	2	5	3	2

全部で 9 組ある。

4 13, 3

解説

$\sqrt{n^2+27}=m$(m は自然数)とおくと,
$n^2+27=m^2$ より,$(m+n)(m-n)=27$
$m+n>m-n$ より,下の表を得る。

$m+n$	27	9
$m-n$	1	3

よって,$(m,\ n)=(14,\ 13),\ (6,\ 3)$ となるので,
$n=13$ または 3

5 $n=\pm3,\ A=37$

解説

A は複 2 次式なので,n を負でない整数として議論しても一般性を失わない。ここで,
$A=n^4-16n^2+100+36n^2-36n^2$
$\quad=(n^2+10)^2-(6n)^2$
$\quad=(n^2+6n+10)(n^2-6n+10)$

n は負でない整数としているので,
$n^2+6n+10>n^2-6n+10$ となる。

よって,A が素数であるためには,$n^2-6n+10=1$
であることが必要で,このとき $n=3$ となる。

逆に $n=3$ のとき,$A=37$ は素数なので,十分でもある。

よって,負の整数も考えると,$n=\pm3$,$A=37$

25 不定方程式 ③ (pp.52〜53)

☑ 基礎Check

1 $(42,\ 7),\ (24,\ 8),\ (18,\ 9),\ (15,\ 10),$
$\quad (12,\ 12)$

2 7 組

解説

1 $x\geqq y$ より,

$\dfrac{1}{6}=\dfrac{1}{x}+\dfrac{1}{y}\leqq\dfrac{1}{y}+\dfrac{1}{y}=\dfrac{2}{y},\ \dfrac{1}{6}=\dfrac{1}{x}+\dfrac{1}{y}>\dfrac{1}{y}$

よって,$7\leqq y\leqq12$

$y=7$ の場合,$\dfrac{1}{x}=\dfrac{1}{42}$ より,$x=42$

$y=8$ の場合,$\dfrac{1}{x}=\dfrac{1}{24}$ より,$x=24$

$y=9$ の場合,$\dfrac{1}{x}=\dfrac{1}{18}$ より,$x=18$

$y=10$ の場合,$\dfrac{1}{x}=\dfrac{1}{15}$ より,$x=15$

$y=11$ の場合,$\dfrac{1}{x}=\dfrac{5}{66}$ より,$x=\dfrac{66}{5}$ (不適)

$y=12$ の場合,$\dfrac{1}{x}=\dfrac{1}{12}$ より,$x=12$

以上より,$(x,\ y)=(42,\ 7),\ (24,\ 8),\ (18,\ 9),$
$\qquad\qquad\quad (15,\ 10),\ (12,\ 12)$

別解

両辺に $6xy$ をかけて,$6y+6x=xy$
$(x-6)(y-6)=36$
$x-6\geqq-5,\ y-6\geqq-5,\ x-6\geqq y-6$ より,下の表を得る。

$x-6$	36	18	12	9	6
$y-6$	1	2	3	4	6

Point

大小関係などを用いて,整数解の範囲を絞り込む。

2 $12=2a+3b+c>3b$ より，$b<4$

$b=1$ の場合，

$9=2a+c>2a$ より，$a\leqq4$

よって，$(a,\ c)=(1,\ 7),\ (2,\ 5),\ (3,\ 3),\ (4,\ 1)$

$b=2$ の場合，

$6=2a+c>2a$ より，$a\leqq2$

よって，$(a,\ c)=(1,\ 4),\ (2,\ 2)$

$b=3$ の場合，

$3=2a+c>2a$ より，$a=1$

よって，$(a,\ c)=(1,\ 1)$

以上より，計 7 組ある。

---

1 (1)① 4　② 10　③ 5　④ 3　⑤ 12

　　(2)① 8　② 15　③ -5　④ -15　⑤ 9

解説

(1)$x\geqq y$ のとき，

$1=\dfrac{2}{x}+\dfrac{4}{y}\leqq\dfrac{2}{y}+\dfrac{4}{y}=\dfrac{6}{y}$

$1=\dfrac{2}{x}+\dfrac{4}{y}>\dfrac{4}{y}$ より，$5\leqq y\leqq6$

$y=5$ のとき，$\dfrac{2}{x}=\dfrac{1}{5}$ より，$x=10$

$y=6$ のとき，$\dfrac{2}{x}=\dfrac{1}{3}$ より，$x=6$

$x<y$ のとき，

$1=\dfrac{2}{x}+\dfrac{4}{y}<\dfrac{2}{x}+\dfrac{4}{x}=\dfrac{6}{x}$

$1=\dfrac{2}{x}+\dfrac{4}{y}>\dfrac{2}{x}$ より，$3\leqq x\leqq5$

$x=3$ のとき，$\dfrac{4}{y}=\dfrac{1}{3}$ より，$y=12$

$x=4$ のとき，$\dfrac{4}{y}=\dfrac{1}{2}$ より，$y=8$

$x=5$ のとき，$\dfrac{4}{y}=\dfrac{3}{5}$ より，$y=\dfrac{20}{3}$（不適）

以上より，$(x,\ y)=(3,\ 12),\ (4,\ 8),\ (6,\ 6),\ (10,\ 5)$

別解

両辺に xy をかけて，$2y+4x=xy$

$(x-2)(y-4)=8$

$x-2\geqq-1$，$y-4\geqq-3$ より，下の表を得る。

$x-2$	1	2	4	8
$y-4$	8	4	2	1

(2)与式より，

$(x+y-2)(x+2y-4)=8$

$x,\ y$ が整数なので，次の表を得る。

$x+y-2$	1	2	4	8	-1	-2	-4	-8
$x+2y-4$	8	4	2	1	-8	-4	-2	-1

それぞれの場合について x と y を求めると，下の表のようになる。

x	-6	0	6	15	6	0	-6	-15
y	9	4	0	-5	-5	0	4	9

よって，x が最大となる組は $(x,\ y)=(15,\ -5)$ で，x が最小となる組は $(x,\ y)=(-15,\ 9)$ である。

---

2 $(5,\ 20),\ (6,\ 12),\ (8,\ 8)$

解説

$x\leqq y$ より，

$\dfrac{1}{4}=\dfrac{1}{x}+\dfrac{1}{y}\leqq\dfrac{1}{x}+\dfrac{1}{x}=\dfrac{2}{x}$

$\dfrac{1}{4}=\dfrac{1}{x}+\dfrac{1}{y}>\dfrac{1}{x}$ より，$5\leqq x\leqq8$

$x=5$ のとき，$\dfrac{1}{y}=\dfrac{1}{20}$ より，$y=20$

$x=6$ のとき，$\dfrac{1}{y}=\dfrac{1}{12}$ より，$y=12$

$x=7$ のとき，$\dfrac{1}{y}=\dfrac{3}{28}$ より，$y=\dfrac{28}{3}$（不適）

$x=8$ のとき，$\dfrac{1}{y}=\dfrac{1}{8}$ より，$y=8$

以上より，$(x,\ y)=(5,\ 20),\ (6,\ 12),\ (8,\ 8)$

別解

両辺に $4xy$ をかけて，$4x+4y=xy$

$(x-4)(y-4)=16$

$x-4\geqq-3$，$y-4\geqq-3$，$x-4\leqq y-4$ より，下の表を得る。

$x-4$	1	2	4
$y-4$	16	8	4

---

3 $(5,\ 5),\ (1,\ 2)$

解説

x についての 2 次方程式として解くと，

$x=\dfrac{-1\pm\sqrt{1+4(a^2+5)}}{2}$

x は自然数なので，n を整数として，

$1+4(a^2+5)=n^2$

つまり，$(n+2a)(n-2a)=21$ を満たす必要がある。

33

a も自然数であることと $n+2a>n-2a$ より，下の表を得る。

$n+2a$	21	7
$n-2a$	1	3

これより，$(n,\ a)=(11,\ 5),\ (5,\ 1)$

$(n,\ a)=(11,\ 5)$ の場合，

$x=5$ となるので，十分である。

$(n,\ a)=(5,\ 1)$ の場合，

$x=2$ となるので，十分である。

以上より，$(a,\ x)=(5,\ 5),\ (1,\ 2)$

4 $(5,\ 24),\ (6,\ 17),\ (8,\ 15),\ (12,\ 17),$
$(20,\ 24)$

【解説】

与式より，$(m-4)n=m^2-m+4$

$m=4$ を代入しても成立しないので，$m\neq 4$ である。

よって，$n=\dfrac{m^2-m+4}{m-4}$

$=\dfrac{m(m-4)+3(m-4)+16}{m-4}=m+3+\dfrac{16}{m-4}$

$m,\ n$ は自然数なので，$m-4(\geqq -3)$ が 16 を割り切ることが必要である。よって，下の表を得る。

$m-4$	-2	-1	1	2	4	8	16
m	2	3	5	6	8	12	20
n	-3	-10	24	17	15	17	24

n が自然数となっている解に関して十分であるので，

$(m,\ n)=(5,\ 24),\ (6,\ 17),\ (8,\ 15),\ (12,\ 17),\ (20,\ 24)$

5 $(2,\ 3,\ 7,\ 42),\ (2,\ 3,\ 8,\ 24)$
$(2,\ 3,\ 9,\ 18),\ (2,\ 3,\ 10,\ 15)$
$(2,\ 4,\ 5,\ 20),\ (2,\ 4,\ 6,\ 12)$

【解説】

$2\leqq a<b<c<d$ なので，

$1=\dfrac{1}{a}+\dfrac{1}{b}+\dfrac{1}{c}+\dfrac{1}{d}<\dfrac{1}{a}+\dfrac{1}{a}+\dfrac{1}{a}+\dfrac{1}{a}=\dfrac{4}{a}$

$1=\dfrac{1}{a}+\dfrac{1}{b}+\dfrac{1}{c}+\dfrac{1}{d}>\dfrac{1}{a}$ より，$2\leqq a\leqq 3$

(i) $a=2$ の場合，

$\dfrac{1}{2}=\dfrac{1}{b}+\dfrac{1}{c}+\dfrac{1}{d}<\dfrac{1}{b}+\dfrac{1}{b}+\dfrac{1}{b}=\dfrac{3}{b}$

$\dfrac{1}{2}=\dfrac{1}{b}+\dfrac{1}{c}+\dfrac{1}{d}>\dfrac{1}{b}$ より，$3\leqq b\leqq 5$

(ア) $b=3$ の場合

$\dfrac{1}{6}=\dfrac{1}{c}+\dfrac{1}{d}<\dfrac{1}{c}+\dfrac{1}{c}=\dfrac{2}{c}$

$\dfrac{1}{6}=\dfrac{1}{c}+\dfrac{1}{d}>\dfrac{1}{c}$ より，$7\leqq c\leqq 11$

$c=7$ のとき，$\dfrac{1}{d}=\dfrac{1}{42}$ より，$d=42$

$c=8$ のとき，$\dfrac{1}{d}=\dfrac{1}{24}$ より，$d=24$

$c=9$ のとき，$\dfrac{1}{d}=\dfrac{1}{18}$ より，$d=18$

$c=10$ のとき，$\dfrac{1}{d}=\dfrac{1}{15}$ より，$d=15$

$c=11$ のとき，$\dfrac{1}{d}=\dfrac{5}{66}$ より，$d=\dfrac{66}{5}$（不適）

(イ) $b=4$ の場合

$\dfrac{1}{4}=\dfrac{1}{c}+\dfrac{1}{d}<\dfrac{2}{c},\ \dfrac{1}{4}>\dfrac{1}{c},\ b=4<c$ より，

$5\leqq c\leqq 7$

$c=5$ のとき，$\dfrac{1}{d}=\dfrac{1}{20}$ より，$d=20$

$c=6$ のとき，$\dfrac{1}{d}=\dfrac{1}{12}$ より，$d=12$

$c=7$ のとき，$\dfrac{1}{d}=\dfrac{3}{28}$ より，$d=\dfrac{28}{3}$（不適）

(ウ) $b=5$ の場合

$\dfrac{3}{10}=\dfrac{1}{c}+\dfrac{1}{d}<\dfrac{2}{c},\ \dfrac{3}{10}>\dfrac{1}{c},\ b=5<c$ より，

$c=6$

このとき，$\dfrac{1}{d}=\dfrac{2}{15}$ より，$d=\dfrac{15}{2}$（不適）

(ii) $a=3$ の場合，

$\dfrac{2}{3}=\dfrac{1}{b}+\dfrac{1}{c}+\dfrac{1}{d}<\dfrac{1}{b}+\dfrac{1}{b}+\dfrac{1}{b}=\dfrac{3}{b}$

$\dfrac{2}{3}=\dfrac{1}{b}+\dfrac{1}{c}+\dfrac{1}{d}>\dfrac{1}{b},\ a=3<b$ より，$b=4$

このとき，

$\dfrac{5}{12}=\dfrac{1}{c}+\dfrac{1}{d}<\dfrac{2}{c},\ \dfrac{5}{12}>\dfrac{1}{c}$ より，

$\dfrac{12}{5}<c<\dfrac{24}{5}=4\dfrac{4}{5}$

いま，$b=4<c$ なので，これを満たす c は存在しない。

(i)，(ii) より，

$(a,\ b,\ c,\ d)=(2,\ 3,\ 7,\ 42),\ (2,\ 3,\ 8,\ 24),$
$(2,\ 3,\ 9,\ 18),\ (2,\ 3,\ 10,\ 15),$
$(2,\ 4,\ 5,\ 20),\ (2,\ 4,\ 6,\ 12)$

26 整数の性質の活用

☑基礎Check

1 (1) $[3.14]=3$, $[\sqrt{5}]=2$, $[-4.2]=-5$

(2) $-2 \leqq x < -1$, $4 \leqq x < 5$

2 (1) 46 (2) $0.11_{(2)}$

解説

1 (1) $[x]$ は x を超えない最大の整数を表すので，

$[3.14]=3$

$\sqrt{4}<\sqrt{5}<\sqrt{9}$ より，$[\sqrt{5}]=2$ $[-4.2]=-5$

(2) $[x]$ についての 2 次方程式として解くと，

$[x]=-2$, 4

よって，$-2 \leqq x < -1$, $4 \leqq x < 5$

2 (1) $3^3 \cdot 1 + 3^2 \cdot 2 + 3^1 \cdot 0 + 3^0 \cdot 1$

$= 27 + 18 + 1 = 46$

(2) $0.75 \cdot 2 = 1.5$, $0.5 \cdot 2 = 1$ より，$0.11_{(2)}$

Point

ガウス記号

$[x]=n$ とおくと，$n \leqq x < n+1$ より，

$[x] \leqq x < [x]+1$

$x-1 < [x] \leqq x$

底の変換（n 進法）

10 進法の小数を 2 進法で表すには，2 をかけたときの整数部分を取り出し，小数部分にまた 2 をかける。この操作を結果が 1 になるまで繰り返す。

1 7

解説

2 桁の 3 進数の左の数を a，右の数を b とすると，

$1 \leqq a \leqq 2$, $0 \leqq b \leqq 2$

であり，条件より，$3a+b=5b+a$ より，$a=2b$

よって，$(a, b)=(2, 1)$ となるので，10 進法で表すと，$3 \cdot 2 + 1 = 7$

2 0, $\sqrt{2}$, 2

解説

与式より，$[x]=\dfrac{x^2}{2}$ を得るので，

$\dfrac{x^2}{2} \leqq x < \dfrac{x^2}{2}+1$

$\dfrac{x^2}{2} \leqq x$ より，$x(x-2) \leqq 0$　よって，$0 \leqq x \leqq 2$

$[x]$ が整数なので $\dfrac{x^2}{2}$ も整数である。

よって，$x=0$, $\sqrt{2}$, 2

$x < \dfrac{x^2}{2}+1$ より，$x^2-2x+2 > 0$

（左辺）$=(x-1)^2+1$ より，これはつねに成立する。

以上より，$x=0$, $\sqrt{2}$, 2

3 (1) 4 個 (2) 5 個

解説

(1) 与式より，$[x]=\dfrac{4}{3}x$

$\dfrac{4}{3}x \leqq x < \dfrac{4}{3}x+1$ より，$-3 < x \leqq 0$

(i) $-3 < x < -2$ の場合，$-3=\dfrac{4}{3}x$ より，$x=-\dfrac{9}{4}$

(ii) $-2 \leqq x < -1$ の場合，$-2=\dfrac{4}{3}x$ より，$x=-\dfrac{3}{2}$

(iii) $-1 \leqq x < 0$ の場合，$-1=\dfrac{4}{3}x$ より，$x=-\dfrac{3}{4}$

(iv) $x=0$ の場合，$0=\dfrac{4}{3}x$ より，$x=0$

(i) 〜 (iv) より，解は 4 個ある。

(2) 与式より，$[3x]=-x^2+3x$

よって，$-x^2+3x \leqq 3x < -x^2+3x+1$

左の不等式から，$0 \leqq x^2$

右の不等式から，$x^2 < 1$ より，$-1 < x < 1$

よって，$-3 < 3x < 3$ である。

(i) $-3 < 3x < -2$ つまり，$-1 < x < -\dfrac{2}{3}$ の場合

$-3=-x^2+3x$ より，$x^2-3x-3=0$

$x=\dfrac{3-\sqrt{21}}{2}$

(ii) $-2 \leqq 3x < -1$ つまり，$-\dfrac{2}{3} \leqq x < -\dfrac{1}{3}$ の場合

$-2=-x^2+3x$ より，$x^2-3x-2=0$

$x=\dfrac{3-\sqrt{17}}{2}$

(iii) $-1 \leqq 3x < 0$ つまり，$-\dfrac{1}{3} \leqq x < 0$ の場合

$-1=-x^2+3x$ より，$x^2-3x-1=0$

$x=\dfrac{3-\sqrt{13}}{2}$

(iv) $0 \leqq 3x < 1$ つまり，$0 \leqq x < \dfrac{1}{3}$ の場合

$\quad 0 = -x^2 + 3x$ より，$x(x-3) = 0$

$\quad x = 0$

(v) $1 \leqq 3x < 2$ つまり，$\dfrac{1}{3} \leqq x < \dfrac{2}{3}$ の場合

$\quad 1 = -x^2 + 3x$ より，$x^2 - 3x + 1 = 0$

$\quad x = \dfrac{3 - \sqrt{5}}{2}$

(vi) $2 \leqq 3x < 3$ つまり，$\dfrac{2}{3} \leqq x < 1$ の場合

$\quad 2 = -x^2 + 3x$ より，$(x-1)(x-2) = 0$

$\quad$ 解なし

(i)～(vi) より，解は 5 個ある。

---

4 7

解説

k を整数とする。

(i) $a = 6k$ の場合

$\quad \left[\dfrac{a}{2}\right] = [3k] = 3k$

$\quad \left[\dfrac{2a}{3}\right] = [4k] = 4k$

$\quad 3k + 4k = 6k$ より，$k = 0$

$\quad$ よって，$a = 0$

(ii) $a = 6k + 1$ の場合

$\quad \left[\dfrac{a}{2}\right] = \left[3k + \dfrac{1}{2}\right] = 3k$

$\quad \left[\dfrac{2a}{3}\right] = \left[4k + \dfrac{2}{3}\right] = 4k$

$\quad 3k + 4k = 6k + 1$ より，$k = 1$

$\quad$ よって，$a = 7$

(iii) $a = 6k + 2$ の場合

$\quad \left[\dfrac{a}{2}\right] = [3k + 1] = 3k + 1$

$\quad \left[\dfrac{2a}{3}\right] = \left[4k + \dfrac{4}{3}\right] = 4k + 1$

$\quad (3k+1) + (4k+1) = 6k + 2$ より，$k = 0$

$\quad$ よって，$a = 2$

(iv) $a = 6k + 3$ の場合

$\quad \left[\dfrac{a}{2}\right] = \left[3k + \dfrac{3}{2}\right] = 3k + 1$

$\quad \left[\dfrac{2a}{3}\right] = [4k + 2] = 4k + 2$

$\quad (3k+1) + (4k+2) = 6k + 3$ より，$k = 0$

$\quad$ よって，$a = 3$

(v) $a = 6k + 4$ の場合

$\quad \left[\dfrac{a}{2}\right] = [3k + 2] = 3k + 2$

$\quad \left[\dfrac{2a}{3}\right] = \left[4k + \dfrac{8}{3}\right] = 4k + 2$

$\quad (3k+2) + (4k+2) = 6k + 4$ より，$k = 0$

$\quad$ よって，$a = 4$

(vi) $a = 6k + 5$ の場合

$\quad \left[\dfrac{a}{2}\right] = \left[3k + \dfrac{5}{2}\right] = 3k + 2$

$\quad \left[\dfrac{2a}{3}\right] = \left[4k + \dfrac{10}{3}\right] = 4k + 3$

$\quad (3k+2) + (4k+3) = 6k + 5$ より，$k = 0$

$\quad$ よって，$a = 5$

(i)～(vi) より，最大の整数 $a = 7$

---

5 3

解説

n を負でない整数とする。

(i) $p = 3n + 1$ の場合，$2p + 1 = 3(2n + 1)$

$\quad n = 0$ のとき，$2p + 1 = 3$ は素数だが，$p = 1$ は素数ではない。

$\quad n \geqq 1$ のとき，$2p + 1$ は素数ではない。

(ii) $p = 3n + 2$ の場合，$4p + 1 = 3(4n + 3)$

$\quad 4p + 1$ は素数ではない。

(iii) $p = 3n + 3$ の場合，$p = 3(n + 1)$

$\quad n = 0$ のとき，$p = 3$ は素数。

$\quad n \geqq 1$ のとき p は素数ではない。

$\quad$ よって，$p = 3$ であることが必要で，$p = 3$ のとき，$2p + 1 = 7$，$4p + 1 = 13$ となるので十分である。

(i)～(iii) より，$p = 3$